现代小麦育种理论与实践探索

郑甲成◎著

中国商务出版社

·北京·

图书在版编目（CIP）数据

现代小麦育种理论与实践探索 / 郑甲成著. -- 北京：
中国商务出版社, 2025. 3. -- ISBN 978-7-5103-5633-9

Ⅰ. S512.103

中国国家版本馆CIP数据核字第2025NM8190号

现代小麦育种理论与实践探索

郑甲成　著

出版发行：中国商务出版社有限公司

地　　址：北京市东城区安定门外大街东后巷28号　　邮　　编：100710

网　　址：http://www.cctpress.com

联系电话：010—64515150（发行部）　　010—64212247（总编室）

　　　　　010—64515164（事业部）　　010—64248236（印制部）

责任编辑：丁海春

排　　版：北京盛世达儒文化传媒有限公司

印　　刷：宝蕾元仁浩（天津）印刷有限公司

开　　本：710毫米×1000毫米　1/16

印　　张：14　　　　　　　　　　　字　　数：245千字

版　　次：2025年3月第1版　　　　　印　　次：2025年3月第1次印刷

书　　号：ISBN 978-7-5103-5633-9

定　　价：79.00元

前　言

　　小麦作为世界上最重要的粮食作物之一，其产量与品质直接影响全球粮食安全与社会经济发展。然而，随着全球气候变化、耕地资源减少及病虫害频发等问题的加剧，小麦育种面临着前所未有的挑战。如何借助科学的理论研究与先进的技术手段培育出更高产、更优质、更抗逆的小麦品种，成为农业科研与育种实践领域亟待解决的核心课题。

　　本书旨在从理论基础到技术应用的各个层面系统探讨小麦育种的关键问题。全书从小麦的遗传特性与环境适应性入手，逐步深入育种方法的创新与技术优化。在传统育种方法的基础上，本书特别聚焦于分子育种技术的飞速发展，包括基因编辑、分子标记辅助育种等技术的最新成果与实践应用。此外，本书针对小麦的抗病性、产量与品质改良以及逆境胁迫育种等实际需求，结合多学科交叉与现代信息技术的优势，提出了具体的解决方案与未来发展的方向。

　　在编写过程中，本书不仅参考了国内外的最新研究成果，还结合了实际生产中的经验与问题，希望通过理论与实践相结合，为读者呈现一个完整的小麦育种研究图景。同时，本书充分考虑了逻辑结构的科学性与内容的前沿性，力求在学术性与实用性之间取得平衡。

　　小麦育种是一项复杂而长期的工作，离不开多学科的深度融合与协同创新。本书不仅希望为育种研究者提供有益的指导，也期待能为相关领域的科研人员与学生带来启发。未来，小麦育种的发展需要更广泛的合作与更深入的研究。本书的出版，正是希望为实现这一目标尽绵薄之力。

本书在编写过程中，搜集、查阅和整理了大量文献资料，在此对学界前辈、同人和所有为此书编写工作提供帮助的人员致以衷心的感谢。由于篇幅有限，本书的研究难免存在不足之处，恳请各位专家、学者及广大读者提出宝贵意见和建议。

作者

2024.12

目　录

第一章

小麦育种的科学基础

第一节　小麦的遗传特性与染色体组

一、小麦的多倍体特性与进化过程

小麦作为重要的粮食作物，其遗传背景深受多倍体特性的影响。多倍体化现象贯穿于小麦的演化与适应过程之中，赋予其独特的遗传稳定性与变异潜力。科学家们通过揭示小麦多倍体的来源、染色体组划分及基因组演化的机制，可以为现代小麦育种提供科学依据，并为解决全球粮食安全问题提供理论支持。

（一）小麦的三倍体来源

小麦三倍体来源的探索在作物进化和遗传学研究中占据重要地位。这一过程并非单一事件，而是由多阶段、多物种间的复杂基因流动和基因组倍增构成。随着多学科交叉研究的发展，科学家们运用分子生物学、基因组学和生物信息学技术揭示了其进化路径中的关键节点。

普通小麦的基因组结构由三组染色体（A、B和D）构成，这一特性源于两次异源杂交事件及其后续的多倍体化过程。起初，乌拉尔图小麦等二倍体物种与未完全明确的一个近缘物种发生杂交，形成了四倍体物种如圆锥小麦。这一阶段的成功受到染色体配对与倍加机制的驱动，在此过程中，基因组间的兼容性以及杂交物种的生存能力是决定性因素。随后，四倍体物种与山羊草属的粗山羊草（Aegilops tauschii）杂交，获得了D染色体组，从而形成了六倍体普通小麦。D组染色体的引入显著增强了小麦的抗逆性和适应能力，使其在广泛的生态环境中得以扎根和扩散。

研究表明，小麦三倍体形成过程中基因组重塑的动态性为其适应性提供了遗传基础。基因组倍增常导致冗余基因的产生，这些基因要么通过获得新功能成为适应性进化的核心，要么通过冗余效应增强基因表达的稳定性。倍增后的染色体相互作用也引发了基因组重组和转座子活动，这种遗传多样性的增加进一步推动了小麦的进化。

从分子水平上看，三倍体形成的成功依赖于基因组的异源性与可塑性。基因组组装技术和转录组测序（RNA-Seq）揭示了不同基因组在多倍体化后如何维持其功能独立性并协同参与遗传表达调控。关键基因的功能多样性和调控网络的复杂性为普通小麦在不同生态系统中的生存提供了强大支持。

通过基因组比较分析，科学家们发现，早期多倍体小麦中遗传瓶颈的缓解是通过基因流的引入和种群间的杂交实现的。这一过程在分子水平上表现为适应性相关基因的多样化及其选择压力的变化。综上，小麦三倍体的形成不仅塑造了其遗传特性，还为其在全球范围内的适应提供了理论依据和实践经验。

（二）小麦的染色体组划分

小麦染色体组的划分是理解其遗传结构与功能特性的基础，也是小麦基因组学研究的核心问题。普通小麦基因组的复杂性体现在其庞大的染色体数量和高度重复的基因组序列中。基因组的大小约为17 Gb，包含21对染色体，其中A、B、D三个染色体组分别承载着不同的遗传任务和适应功能。

现代基因组学技术的进步极大地推动了对小麦染色体组的研究。高通量测序（HTS）与染色体倍性分析揭示了A组、B组和D组之间的显著差异。A组染色体的功能多样性主要体现在与光周期反应、形态调控相关的基因上，这些基因对小麦的区域分布与种植适应性至关重要。B组染色体在环境胁迫下表现出较高的抗性基因表达水平，这为小麦在干旱、高盐等不良环境中的生长提供了支持。D组染色体的特性则与籽粒品质性状密切相关，其编码的基因主要调控蛋白质含量、淀粉结构及其他营养成分。

染色体组的划分还揭示了小麦基因组进化中的重要事件。研究发现，A、B和D组的祖先基因组在多倍体化过程中经历了广泛的染色体重排、大片段重复及非对称性基因丢失。这些过程不仅丰富了基因组的遗传多样性，还通过选择性保留适应性基因显著提升了小麦的环境适应能力。此外，转座子活动在小麦基因组中的广泛分布进一步增强了染色体组的可塑性。科学家们通过对基因组转录水平的动态监测，发现这些转座子的活动在小麦应对环境胁迫时发挥了重要作用。

小麦染色体组的划分，也为分子育种研究提供了有力工具。标记基因组的功能区块并解析染色体片段与农艺性状的关系，可以加速优良性状的分子标记选择育种过程。尤其是在耐逆性、品质提升和产量优化方面，染色体组功能区域的精准定位为小麦育种开辟了新的路径。

深入探讨染色体组划分的结构特征及其在遗传和功能上的表现，可以进一步揭示小麦遗传改良的潜力和方向。这些研究不仅有助于理解小麦复杂的进化背景，还为未来作物育种的理论创新和技术突破奠定了坚实基础。

（三）基因组演化的遗传基础

小麦基因组的演化过程，是以多倍体化、基因组重塑和环境适应之间的动态平衡为基础的。基因组演化的核心特性体现在遗传物质的增量、功能基因的重组及基因表达的调控网络复杂性上。这些特性共同推动了小麦从野生状态到现代农艺作物的进化。

多倍体化引发的基因组倍增，为遗传物质的积累提供了基础。在小麦进化的早期阶段，基因组倍增不仅增加了功能冗余，也显著提高了小麦在应对环境变化时的灵活性。通过基因组倍增生成的冗余基因中，有一部分在后续进化过程中通过亚功能化或新功能化获得了新的生物学功能，而一些冗余基因则在多样化选择压力下逐渐沉默或丢失。这种基因功能的分化是小麦基因组演化的重要驱动力之一。

小麦基因组的演化还涉及复杂的重塑过程。研究表明，异源多倍体小麦的基因组重组速率明显高于同源多倍体植物，这主要归因于不同基因组之间的异源性。重组过程不仅为遗传多样性提供了重要来源，还通过染色体片段的重新排列和转座子的激活促进了小麦适应性基因的进化。尤其是关键环境胁迫相关基因的增强表达，为小麦应对全球不同生态系统中的复杂生境提供了显著优势。

基因组演化的遗传基础在于适应性相关基因的正向选择和冗余基因的适时淘汰。现代分子生物学研究表明，小麦基因组中与光合作用、逆境胁迫和生殖成功相关的基因经历了强烈的正向选择，而一些非功能性重复序列则被逐步淘汰或转化为调控元件。这一过程中，遗传漂变和选择压力的协同作用塑造了小麦基因组的动态特征，进一步强化了其对环境变化的应变能力。

（四）多倍体小麦的生殖特性

多倍体小麦的生殖特性在其适应性进化和遗传改良中占据关键地位。作为异源多倍体植物，小麦表现出独特的遗传稳定性，这得益于其在减数分裂过程中对染色体配对的精确控制。

研究发现，小麦基因组中Ph1基因的存在显著抑制了异源染色体的错误配对，保障了染色体组间的稳定遗传。Ph1基因通过调控减数分裂中同源染色体的配对行为，减少了杂交后代中不稳定染色体组的出现，从而维持了多倍体小麦的遗传完整性。这一遗传特性是小麦能够广泛适应不同环境的重要生物学基础。

小麦在生殖过程中展现出的基因流动能力，为其遗传多样性的提升提供了保障。作为一种能够同时进行自交与异交的作物，小麦能够在稳定优良性状的同时引入新的遗传变异，从而显著提升育种潜力。基因组的多倍体化不仅增强了小麦的生殖能力，也为其种子产量和繁殖效率的提高提供了强有力支持。

此外，多倍体小麦在胚胎发育和种子形成过程中表现出高度的生物学适应性。基因表达分析显示，小麦种子发育阶段的基因调控网络在多倍体化后进行了扩展。这一扩展不仅提高了种子形成的成功率，还增强了种子的抗逆能力和营养积累。尤其是在应对环境胁迫时，小麦种子通过调控抗逆基因的表达水平表现出显著的适应性优势。

（五）异源多倍体的育种意义

异源多倍体在小麦育种中的作用源于其独特的遗传多样性和基因组灵活性。异源多倍体的基因组整合，可以将不同物种的优良特性集中于同一植株，从而显著提升育种目标的达成效率。

现代分子育种技术的发展，为异源多倍体的遗传潜力挖掘提供了强有力的工具。研究人员通过染色体倍加、基因编辑及基因组组装等方法，可以精准地识别和整合异源基因组中对目标性状有贡献的功能基因。这些功能基因往往与抗病性、抗逆性及高产性状密切相关，为解决全球粮食安全问题提供了重要支持。

异源多倍体的小麦还在种质资源创新中展现出巨大潜力。基因流的引入和染色体重组为育种材料的遗传多样性提供了丰富的来源，同时也增强了遗传改良过程中优良基因的保留和传递能力。在复杂的育种体系中，异源多倍体通过基因组间的相互作用优化了遗传资源的利用效率，从而实现了农艺性状的综合改良。

研究表明，异源多倍体的基因组适应性对拓展小麦的种植范围具有重要意义。选择性培育，可以将抗寒性、耐盐碱性及抗干旱性基因整合到普通小麦中，从而在不同生态条件下实现高效种植。这一过程不仅推动了农业生产力的提升，也为种植体系的多样化提供了技术保障。

综上，异源多倍体作为小麦育种领域的重要研究方向，其遗传特性和育种价值将持续推动现代农业的可持续发展。

二、小麦遗传多样性及其评估

小麦作为全球主要粮食作物，其遗传多样性不仅决定了它对多变环境的适应能力，也为遗传改良和育种创新提供了丰富的资源。全面了解小麦遗传多样性的分子机制、技术评估方法及其应用潜力，是现代小麦育种研究的重要环节。科学家们通过深入剖析小麦种质资源的遗传特征，可以为未来的作物改良提供科学指导。

（一）遗传多样性的分子基础

小麦遗传多样性的分子基础源自其复杂的基因组结构和多倍体化过程中积累的遗传变异。在小麦基因组中，不同染色体组之间的协同进化为遗传多样性的形成和维持提供了重要支撑。研究小麦的基因组特性，有助于研究者深入理解其多样性特征及对适应性进化的影响。

多倍体化导致小麦基因组中大量功能基因的重复，为遗传多样性的产生奠定了基础。重复基因的存在不仅增强了基因表达的稳定性，还为基因功能的分化创造了条件。这种分化通常以亚功能化或新功能化的形式表现出来，从而丰富了小麦的遗传特性。与此同时，小麦基因组中的非编码序列和转座子通过动态调控基因表达，也对遗传多样性产生了深远影响。研究显示，转座子活动显著增强了基因组的变异性，并通过在不同染色体上的插入和重组改变基因组结构，从而推动了适应性基因的进化。

小麦遗传多样性的分子基础还体现在基因调控网络的复杂性上。基因表达调控机制包括转录水平、转录后水平和表观遗传修饰的多层次调控。这些机制不仅决定了基因的时空表达模式，还通过调控基因间的互作影响了小麦对环境变化的响应能力。表观遗传调控如DNA甲基化、组蛋白修饰和非编码RNA的参与，为小麦的遗传多样性提供了额外的调控层次。这些表观遗传修饰在不同环境压力下表现出显著差异，表明其在小麦适应性进化中具有重要作用。

此外，环境和选择压力对小麦遗传多样性的塑造起到了关键作用。小麦基因组中，功能性变异常集中于与适应性相关的基因区域。这些基因在自然选择或人工选择的驱动下，通过突变、重组和遗传漂变不断优化，从而增强了小麦在多种环境中的适应能力。

通过解析小麦遗传多样性的分子基础，研究者可以揭示其复杂的进化轨迹及其在遗传改良中的应用潜力。这种多样性不仅是小麦对多变环境的适应基础，也为未来的种质资源创新提供了重要参考。

（二）多样性检测的技术方法

小麦遗传多样性的检测技术是评估其基因组变异和资源价值的关键工具。随着分子生物学和基因组学技术的快速发展，检测小麦遗传多样性的技术方法得到了显著提升，从分子标记技术到全基因组测序，为全面解析小麦的遗传多样性提供了有力支持。

分子标记技术是检测遗传多样性的基础方法，能够识别基因组中的特定片段并评估种质资源间的遗传差异。传统的分子标记技术如简单重复序列（SSR）和扩增片段长度多态性（AFLP），通过分析特定基因组片段的长度变异，揭示了小麦种质间的遗传多样性。然而，随着高通量测序技术（HTS）的出现，这些标记技术逐渐被更加高效的单核苷酸多态性（SNP）标记和插入/缺失（InDel）标记所取代。这些新型标记技术不仅具有更高的分辨率，还能大规模、高通量地检测基因组中的变异位点。

HTS技术的应用使全基因组水平的多样性分析成为可能。通过全基因组关联研究（GWAS）和基因组选择（GS），研究者能够识别控制小麦重要农艺性状的关键基因，并评估其在种质资源中的分布和多样性。这种整合基因型和表型数据的方法为解析小麦遗传多样性的机制提供了全面视角。

近年来，多组学技术的整合为小麦遗传多样性研究提供了更多信息来源。基因组学、转录组学和表观遗传学数据的结合，使研究者能够从多个层次解析小麦基因组的动态特性。这些数据不仅揭示了遗传多样性的分子基础，还通过预测功能基因的调控网络，为小麦的遗传改良提供了参考。

此外，分子检测技术的进步显著提升了育种实践的精准性。在分子育种中，通过筛选具有高多样性的种质资源，可以优化目标性状的遗传背景。GS和分子标记辅助育种的结合，使优良性状的快速积累成为可能，同时缩短了育种周期。

通过不断发展和优化遗传多样性检测技术，小麦种质资源的评价和利用效率得到了极大提升。这些技术方法的广泛应用，不仅推动了小麦基因组研究的深入开展，也为农业生产和食品安全保障奠定了坚实基础。

（三）遗传变异的区域分布

小麦遗传变异的区域分布是遗传多样性研究的重要内容，它不仅反映了小麦基因组中遗传信息的分布规律，还揭示了其进化历史和适应性特征。通过解析基因组中变异的空间分布模式，研究者可以深入理解小麦种质资源的遗传结构及其在不同生态系统中的表现。

小麦基因组中的遗传变异具有显著的区域化特征。研究表明，A、B和D组染色体在遗传变异的数量和分布模式上存在差异，这种差异与染色体功能、进化路径和环境适应密切相关。A组染色体因其在调控植物发育和生长相关基因上的丰富性，成为变异较为集中的区域。B组染色体在与环境胁迫相关的基因上表现出较高的遗传变异，这为小麦适应多样化生态环境提供了重要支持。而D组染色体的变异则更多集中在与品质相关的功能基因上，表明其对小麦籽粒品质具有调控作用。

小麦遗传变异的区域分布还受到选择压力的显著影响。在自然选择和人工选择的双重作用下，与抗性和适应性相关的基因区域往往表现出较高的多样性水平。这些区域的变异不仅为小麦提供了应对病虫害和环境胁迫的能力，也为现代育种目标的实现提供了丰富的遗传资源。此外，变异的热点区域通常是基因组重组的活跃地带，这些区域通过转座子活动和基因流动的方式进一步丰富了遗传多样性。

多组学数据整合为解析小麦遗传变异的区域分布提供了新的视角。通过基因组测序、表观遗传学分析和转录组研究，研究者可以更全面地描绘小麦基因组中变异的动态特征。这种整合分析不仅揭示了遗传变异在空间上的分布规律，还通过挖掘与功能基因相关的变异信息，为育种实践中的基因精准定位和选择提供了技术支持。

（四）基因流与小麦种质创新

基因流在小麦种质创新中发挥着关键作用。作为一种促进遗传信息交流的机制，基因流通过种群间的基因交换和重组，为遗传多样性的产生提供了持久的动力。基因流的动态分析，可以发现小麦种质资源的进化轨迹和创新潜力。

小麦的多倍体化特性为基因流提供了遗传基础。在异源多倍体小麦中，不同基因组间的相互作用和遗传重组显著增强了基因流的效果。基因流不仅促进了功能基因的多样化，还通过基因组重塑和重组，推动了小麦的适应性进化。研究显示，基因流的活跃程度往往与环境选择压力和物种间杂交的频率密切相关。这种动态交互增强了小麦在复杂生态环境中的生存能力。

基因流的方向性和强度在种质创新中具有重要意义。通过基因组数据的解析，研究者可以追踪基因流动的关键节点，并通过选择性引入特定基因区域来优化种质资源。基因流动不仅提升了种质资源的遗传多样性，还为特殊目标性状的导入提供了可能。特别是在抗性育种中，基因流通过导入抗病、抗逆基因显著提升了小麦的育种价值。

现代技术的应用极大地提高了基因流分析的深度和广度。HTS和GWAS技术使研究者能够全面掌握基因流动的动态变化。通过建立基因流模型，研究者可以预测遗传信息的传递路径，从而为种质资源的开发和利用提供指导。此外，基因编辑技术的发展为基因流动的精确调控提供了技术保障。靶向调控关键基因区域的表达和传递，可以显著优化种质创新的效率。

基因流的作用不仅体现在资源的扩展上，还在于维持遗传多样性。通过加强遗传信息的交流和重组，基因流显著提高了小麦种质资源的适应性和稳定性。未来，基因流的研究将继续推动种质创新的发展，为全球粮食安全和农业可持续发展提供科学依据和技术支持。

（五）遗传多样性在育种中的应用

遗传多样性是小麦育种中的核心资源，其在提升作物抗性、优化品质及提高产量方面具有重要作用。利用遗传多样性，育种工作能够实现优良性状的积累和组合，满足多样化的农业生产需求。

遗传多样性在抗性育种中的应用集中体现在对病虫害和逆境胁迫的抵御能力上。不同种质资源中积累的抗性基因为育种提供了丰富的选择，通过筛选和整合这些基因，能够增强作物对特定病虫害的抵抗能力。此外，遗传多样性还为环境适应性提供了遗传基础。通过分析小麦种质资源在不同环境中的表现，可以挖掘出对干旱、高盐及低温等胁迫具有适应性的基因区域。这些基因区域借助选择性育种和基因编辑技术被有效整合，显著提升了小麦的抗逆能力。

在品质改良中，遗传多样性为优化籽粒成分和营养品质提供了可能。通过GWAS，研究者能够定位控制籽粒蛋白质含量、淀粉结构和微量元素累积的关键基因。结合基因型与表型数据的整合分析，可以加速品质改良目标的实现。遗传多样性还在优化加工特性和提升消费品质方面具有潜在价值，这种应用对于满足市场需求和提升作物经济价值具有重要意义。

遗传多样性在产量提升中的作用主要体现在对群体生长发育和生殖效率的调控上。通过多样性分析，研究者可以识别出控制小麦生长周期、光合效率及籽粒形成的功能基因。结合现代分子育种技术，这些基因的精准选择和整合能够显著提高小麦的产量潜力。此外，遗传多样性为群体遗传的优化创造了条件，通过增加种群内的遗传异质性，可以提高种植系统的生产稳定性和环境适应性。

现代分子生物学技术的引入为遗传多样性的应用提供了技术保障。通过GS和基因编辑技术，育种者能够更加精准、高效地利用遗传多样性，优化育种目标并加速新品种的培育。遗传多样性作为育种的基础资源，将在未来农业生产中发挥更为关键的作用。

（六）分子标记技术在多样性分析中的作用

分子标记技术是遗传多样性研究的重要工具，其在小麦种质资源评价和育种实践中具有广泛应用。这项技术通过识别基因组中的多态性位点，为解析遗传多样性的分子机制提供了科学依据，并为育种目标性状的选择提供了技术支持。

分子标记技术的核心优势在于高效性和精准性。通过识别基因组中的重复序列、多态性位点及功能区块，分子标记能够快速、准确地定位目标基因及其调控区域。常用的分子标记类型包括SSR、SNP及InDel。这些标记的结合使用，能够全面覆盖小麦基因组中的遗传信息，为遗传多样性分析提供数据支持。

在多样性分析领域，分子标记技术被广泛应用于种质资源的遗传结构解析。

通过构建遗传图谱和连锁分析，研究者能够揭示小麦种质资源中的遗传关系和进化轨迹。这些分析结果不仅为种质资源的分类和评价提供了科学依据，还通过定位关键功能基因，为育种实践提供了明确的技术路径。

分子标记技术还在育种实践中发挥了重要作用。借助标记辅助选择（MAS），育种者可以根据目标性状的分子标记快速筛选出优良种质，从而显著提高育种效率。在抗性育种方面，分子标记被用于定位和选择抗病虫害基因；在品质育种中，这些技术为籽粒成分和加工特性的改良提供了精准手段。此外，分子标记技术与GS的结合，为复杂性状的多基因调控提供了解决方案。

随着HTS技术的发展，分子标记的应用范围不断扩展。GWAS和GS等技术的引入，使分子标记技术在解析多基因调控和表型多样性机制中具有更高的解析力。这种技术结合不仅使小麦遗传多样性研究的更为深入，还为未来育种目标的精准实现奠定了坚实基础。

分子标记技术作为现代育种的核心工具，将持续推动小麦遗传研究的深入开展，并为农业生产的可持续发展提供技术支持。这项技术的不断进步将为遗传资源的利用和种质创新开辟新的路径。

第二节 小麦的生长发育与环境适应性

一、小麦生长发育的生理特性

小麦的生长发育受到遗传和环境的双重调控，其生理特性体现在发育阶段的划分、光周期的调节、激素的动态平衡以及不同品种间的生长差异中。深入探讨这些特性有助于揭示小麦适应复杂生态环境的生长机制，为品种改良和高效栽培技术的开发提供科学依据。

（一）小麦的发育阶段划分

小麦的发育阶段包括从种子萌发到成熟的全周期过程，各阶段之间的过渡受到遗传和环境因子的精确调控。种子萌发是生长的起点，此过程受到水分吸收、氧气供给和酶活化的共同调节。在种子胚中，胚乳供给能量的过程被激活，而细胞分裂和扩展则奠定了幼苗发育的基础。

幼苗期的关键在于光合作用能力的逐步建立以及根系对水分和养分的吸收功能的完善。基因组研究显示，控制光合作用效率和根系发育的基因在这一阶段高度敏感，调控着植物的初始生长潜力。随后的营养生长阶段是植物体积和生物量快速积累的时期，此阶段受到光照强度、温度和水分条件的显著影响。分蘖能力的调控和叶面积指数的增长直接决定了小麦在单位面积内的产量潜力。

生殖生长阶段是小麦发育的转折点，表现为营养生长向生殖器官形成的过渡。抽穗和开花受光周期基因和开花抑制因子的综合调控。研究表明，Vrn1基因对春化作用的响应能力在这一过程中起到决定性作用，而FT基因则通过调控花序发育时间，确保生殖器官形成的同步性。籽粒灌浆和成熟阶段是物质转移的关键时期，光合作用产物被运输至籽粒，为产量和品质奠定基础。

（二）小麦光周期与生长调节

光周期对小麦的生长发育具有决定性作用，其通过调控植物内源信号和外界环境之间的作用，影响生长阶段的转换和发育速率。短日照和长日照条件对小麦不同品种的表现具有显著差异，这种差异来源于对光周期基因的表达模式的遗传变异。

光周期信号主要通过光受体蛋白如CRY、PHY等感知外界光照变化，这些信号通过下游调控网络影响关键基因的表达。Vrn1和Ppd-D1基因作为主要的光周期调节因子，在调控抽穗和开花时间方面发挥了重要作用。研究表明，Ppd-D1基因的活性调控了小麦对长日照条件的敏感性，而Vrn1基因通过整合光周期和春化信号决定了开花时间的灵活性。

在光周期调节中，内源激素的参与进一步增加了系统的复杂性。赤霉素和生长素（IAA）的积累对茎秆延长和叶片扩展具有直接影响，而脱落酸（ABA）水平的波动则通过负反馈机制调控生长速率。GWAS揭示，光周期相关基因与环境适应性之间存在广泛的互作，表明其对小麦生长的调节具有多维度特征。

（三）生长发育中的激素调控

植物激素是小麦生长发育的内在调控因子，其通过信号传导和基因表达调控着植物的多种生理过程。赤霉素是小麦生长发育中的关键激素，它通过促进细胞伸长和分裂调节了茎秆和叶片的生长。研究表明，GA基因家族的多样性是赤霉素合成和信号传递的遗传基础，而这些基因在环境胁迫下会发生动态响应。

ABA在小麦的发育过程中发挥了重要的平衡作用。作为逆境响应的核心激素，ABA在种子萌发和抗逆性调节中具有双重功能。在种子萌发阶段，ABA通过抑制α-淀粉酶的活性延迟胚乳降解过程，确保生长条件的适宜性。在逆境条件下，ABA通过激活抗逆基因的表达调控气孔开闭和水分平衡，提升植物对环境胁迫的耐受能力。

IAA在根系和茎叶发育中具有显著作用，其通过调控极性运输和细胞分裂调控根尖和茎尖的生长模式。研究发现，小麦基因组中的Aux/IAA基因家族参与了IAA信号的转导和转录调控，为小麦的根系发育和抗逆适应提供了遗传支持。此外，细胞分裂素在分蘖和籽粒发育中起到了重要作用，其在生殖器官形成阶段的累积显著提升了产量潜力。

激素之间的互作是小麦生长发育调控网络的核心。赤霉素与ABA的平衡决定了生长速率与抗逆能力之间的权衡，而IAA与细胞分裂素的协同作用则通过影响细胞周期和代谢网络优化生长模式。这种复杂的调控机制为小麦的发育提供了高度灵活性和适应性。

（四）小麦品种生长的遗传差异

小麦品种的生长表现受遗传背景的显著影响，这种差异体现在发育阶段的持续时间、生物量的积累速率以及对环境条件的响应能力上。通过基因组测序和关联分析，研究者能够深入解析小麦品种间的遗传差异及其对生长特性的影响。

早熟品种和晚熟品种在光周期基因的调控上存在显著差异。早熟品种中，Ppd-D1基因的高表达促进了生殖阶段的提前启动，而晚熟品种则通过Vrn1基因的低水平表达延长了营养生长时间，增强了生物量的积累。这种遗传差异直接决定了品种的适应性和产量潜力。

品种间的激素调控模式也表现出差异性。在高产品种中，赤霉素和细胞分裂素相关的代谢途径显著增强，这种增强使其在分蘖和籽粒发育阶段表现出更高的生长效率。耐逆品种则通过ABA和茉莉酸的互作强化了对胁迫的响应能力。这种激素调控模式的差异为育种提供了明确的改良方向。

小麦不同品种在资源利用效率上的差异是研究的热点。研究表明，高效利用氮、磷和水资源的品种具有更高的光合作用效率和干物质积累能力，这种特性受到光合作用基因和代谢调控基因的共同影响。这些基因区域，有助于优化育种方案，提升小麦品种在不同生态环境中的表现。

深入研究小麦品种生长的遗传差异，不仅为理解其生长发育的分子机制提供了科学依据，也为开发适应性更强、产量更高的小麦新品种奠定了基础。这些研究将推动育种技术的发展，并为农业生产提供更为精准的指导。

二、小麦对环境胁迫的适应机制

小麦的生长和发育面临多种环境胁迫，包括干旱、低温、盐碱和高温等多种不良条件。为了适应这些胁迫，小麦在生理、生化和分子水平上形成了复杂的响应机制。研究者通过解析这些适应机制的遗传基础，能为抗逆性小麦品种的培育提供科学支持，促进农业生产的可持续发展。

（一）干旱胁迫的遗传响应

干旱是影响小麦生长和产量的主要因素之一。小麦通过一系列遗传和生理调控机制适应水分胁迫，表现出显著的耐旱性状。研究发现，小麦对干旱的响应主要包括渗透调节、气孔调控和根系结构优化等。

在渗透调节方面，小麦通过积累脯氨酸、可溶性糖和其他渗透调节物质维持细胞内水分平衡。这些物质的合成和积累受到一系列关键基因的调控，如P5CS基因在脯氨酸代谢中发挥作用。这些基因通过调节胞内渗透压，增强植物细胞对干旱环境的适应能力。

气孔调控是小麦应对干旱胁迫的重要途径。干旱条件下，ABA的积累显著增加，通过调节气孔开闭减少蒸腾失水。研究表明，ABA信号通路中的关键基因如SnRK2在气孔调节中起到重要作用。此外，气孔密度和分布模式的遗传差异也对小麦的耐旱性状产生了显著影响。

根系结构的优化在小麦的干旱适应中扮演了关键角色。通过增强根系的深度和分枝能力，小麦能够更有效地吸收土壤中的水分。这一特性受多个基因控制，涉及根系发育相关的转录因子和细胞壁改造基因的协同作用。深入挖掘这些基因的功能，可以为耐旱性品种的培育提供重要参考。

（二）低温适应性与抗寒基因

低温是小麦生长发育中的另一重要环境胁迫因素，尤其在高纬度和高海拔地区表现显著。小麦的低温适应性主要通过细胞膜稳定性、抗冻蛋白的表达以及能量代谢的调控来实现，这些机制受到抗寒基因的复杂网络调控。

细胞膜稳定性是小麦适应低温的重要基础。低温条件下，脂质组分的变化能够维持膜流动性，从而保证细胞的正常功能。FAD基因家族通过调控脂肪酸不饱和度增强膜稳定性，同时参与膜修复和抗冻性的提升。此外，低温条件下脂质代谢相关基因的表达增强也显著影响了小麦的冷适应能力。

抗冻蛋白在低温胁迫下的表达是小麦对冷环境适应的重要机制。这些蛋白通过稳定细胞结构、抑制冰晶形成和提高胞质液的抗冻能力，为细胞提供多层次保护。研究显示，抗冻蛋白的合成与CBF转录因子的活性密切相关，CBF基因簇通过激活下游目标基因增强了小麦对低温的适应能力。

低温对能量代谢的影响直接关系到小麦的存活率。通过优化糖代谢和呼吸代谢途径，小麦能够在低温条件下维持足够的能量供给。SucS和INV基因在糖代谢调控中起到关键作用，其表达水平的调节显著影响了小麦的低温耐受能力。

（三）盐碱胁迫下的生理调节

盐碱胁迫通过改变离子平衡和渗透压对小麦生长造成不良影响。为了适应盐碱条件，小麦通过调控离子运输、积累渗透调节物质以及优化抗氧化防御体系等机制实现耐盐性。

离子平衡的维持是小麦对盐碱胁迫的核心适应策略。HKT和SOS基因家族通过调控Na^+和K^+的选择性吸收和转运，减少盐分在细胞内的积累，保护细胞结构和代谢功能。研究表明，HKT1基因的变异对小麦的耐盐性差异具有重要贡献，其功能增强能够显著改善盐碱地中的小麦生长表现。

渗透调节物质的积累是小麦适应盐碱胁迫的另一重要机制。在盐碱条件下，小麦通过合成脯氨酸和可溶性糖等物质降低细胞渗透势，减轻盐害带来的渗透胁迫。这些物质的代谢过程受到一系列基因的精细调控，为小麦提供了重要的生理保护。

盐碱胁迫引发的氧化胁迫对小麦生长造成了额外威胁。通过激活抗氧化酶如超氧化物歧化酶（SOD）、过氧化物酶（POD）和抗坏血酸过氧化物酶（APX）的表达，小麦能够清除活性氧（ROS）分子，减轻氧化损伤。这种抗氧化防御体系的优化提高了小麦在盐碱条件下的存活能力。

（四）高温胁迫下的小麦适应性

高温胁迫对小麦的光合作用、代谢平衡和籽粒发育具有显著影响，小麦通过一系列适应机制减轻高温带来的不利影响。光合作用效率的调节、热激蛋白（HSP）的表达以及内源激素的平衡是其主要应对手段。

高温对光合作用的抑制是小麦面临的主要挑战。通过调控Rubisco酶活性和光合电子传递速率，小麦能够部分恢复高温下的光合能力。研究显示，叶绿体中的热适应基因如HSP90参与了光合作用关键酶的保护，减少了高温胁迫对光合效率的损害。

HSP在小麦的高温适应中起到重要作用。这些蛋白通过分子伴侣功能保护细胞内蛋白质的正确折叠，防止蛋白质在高温条件下的变性和聚集。HSP基因家族的表达在高温胁迫下显著增强，其调控网络为小麦提供了稳定的热应激保护。

高温胁迫还通过激素信号通路影响小麦的生长和发育。ABA和乙烯的积累与胁迫响应密切相关，这些激素通过调节气孔开闭和果实发育，提高了小麦在高温条件下的适应能力。研究发现，激素信号的动态调控对缓解高温胁迫具有显著效果。

（五）复合胁迫的遗传基础

小麦在实际生长环境中往往面临多种胁迫的复合影响，其适应性依赖于复杂的遗传和生理机制的协同作用。复合胁迫下，小麦的响应机制表现为多重信号通路的交互和调控。

多重胁迫信号的整合是小麦适应复合胁迫的关键。通过共同调控干旱、盐碱和高温相关基因，小麦能够协调资源分配和代谢调控，增强对复合胁迫的适应能力。研究表明，一些转录因子如DREB和NAC在多种胁迫条件下表现出广泛的响应能力，其活性对小麦适应复合胁迫具有核心作用。

能量代谢的动态调整在复合胁迫中具有重要意义。通过增强糖代谢和呼吸代谢途径，小麦能够在资源有限的条件下维持生长和存活。代谢相关基因的高表达增强了小麦的抗逆能力，为其适应复合胁迫奠定了基础。

复合胁迫条件下的氧化平衡对小麦的适应性也起到重要作用。通过增强抗氧化酶的活性和次生代谢物的合成，小麦能够有效清除复合胁迫下产生的ROS分子，保护细胞免受氧化损伤。这一适应机制在提高小麦对多种胁迫环境的适应能力方面具有重要意义。

三、小麦种质资源的适应性改良

小麦种质资源是推动育种技术进步和提升作物适应能力的基础。围绕不同生态条件下的小麦种质改良需求，研究者借助区域性改良目标的确定、优良种质的筛选与分子改良技术的应用，能够让小麦品种在多样化生长环境中保持稳定性与高产性。系统化的适应性评价技术，进一步优化种质资源的应用策略，为现代农业可持续发展提供保障。

（一）改良目标的区域性差异

小麦种质资源的适应性改良需要充分考虑区域生态环境的多样性以及农业生产需求的差异。不同区域的气候条件、土壤类型和耕作方式决定了改良目标具有区域化特点。这种差异化的改良策略是实现资源高效利用和育种目标精准达成的关键。

在干旱和半干旱地区，小麦种质资源改良的重点是提高作物的水分利用效率和耐旱能力。通过挖掘与耐旱性相关的基因资源，如调控气孔开闭的基因和增强根系吸水能力的功能基因，可以优化干旱环境中的小麦生产性能。在高纬度地区，低温和霜冻是主要胁迫因素，适应性改良的目标集中于提升小麦的抗寒能力。研究表明，春化基因和冷响应转录因子的变异对低温适应性有重要影响，其功能优化能够显著提升小麦在寒冷地区的产量稳定性。

盐碱土壤区域的小麦种质改良以耐盐碱为核心目标。耐盐基因的筛选和导入显著增强了小麦对盐分胁迫的耐受能力，而调控离子平衡和渗透调节物质积累的基因在这一过程中发挥了关键作用。在高温和湿热环境下，小麦种质改良需要重点提升抗高温能力和抗病性，通过HSP基因和抗病基因的功能优化，实现适应性和稳定产量的协调。

（二）优良生态种质的筛选

筛选优良生态种质是改良小麦适应性的核心环节。这一过程包括表型筛选、MAS以及多维度的适应性评估，旨在找出具备抗逆性和高产潜力的种质资源。

表型筛选是传统种质改良的基础，通过评估小麦在不同生态环境中的生长表现，研究者可以初步识别出抗逆性突出的种质。现代分子标记技术的应用极大地提高了筛选效率。分子标记与目标性状的关联分析，能够快速定位与抗性相关的功能基因，并利用MAS精准筛选优良种质。GWAS和GS的结合使得对复杂性状的多基因调控有了更深入的理解，为高效筛选提供了技术保障。

多维度适应性评估通过整合表型、基因型和环境数据，从系统层面解析种质资源的适应性潜力。这一评估过程不仅关注传统的产量性状，还涉及抗逆性、品质性状和生物效率等多方面指标。研究表明，多环境试验（MET）和生态位模型的应用能够准确预测种质资源在不同生态环境中的适应性表现，为种质改良提供科学指导。

（三）环境适应性的分子改良

分子改良技术在提升小麦种质资源的环境适应性方面发挥了重要作用。基因编辑和基因组重组等技术手段，可以对功能基因进行精准调控，从而显著增强小麦的抗逆性和适应能力。

基因编辑技术的迅猛发展为小麦种质资源的改良提供了全新路径。CRISPR/Cas9等工具通过靶向编辑目标基因区域，实现了对重要功能基因的定向改造。研究显示，调控干旱相关基因和抗盐基因的表达，可以有效提升小麦在极端环境中的存活率和生产效率。此外，基因编辑技术还能够用于改善小麦的品质性状和资源利用效率，拓宽了种质资源的应用范围。

基因组重组技术在优化小麦种质资源中表现出显著优势。引入异源多倍体小麦的基因组片段，可以有效增加小麦的遗传多样性。基因组重组的动态调控增强了小麦对复杂环境的适应能力，并通过优化基因间的互作网络提升了抗逆性状的稳定性。

环境适应性的分子改良还体现在调控网络的优化上。其通过RNA-Seq和代谢组学研究，可以解析小麦在不同环境条件下的动态响应机制。这些研究成果为关键功能基因的鉴定和利用提供了理论支持，并通过转基因技术或MAS将这些基因整合到育种体系中。

（四）抗逆性与适应性评价技术

科学的评价技术是小麦种质资源改良的重要基础。抗逆性与适应性评价综合运用定量和定性方法，全面解析种质资源在不同环境条件下的表现，为改良方案的优化提供数据支持。

抗逆性评价技术包括生理、生化和分子水平的多层次分析。通过测定小麦在胁迫条件下的叶绿素含量、抗氧化酶活性和渗透调节物质积累，研究者可以定量化评估其耐受能力。分子水平上的评价则通过分析基因表达谱和蛋白质组变化揭示种质资源的抗逆机制。研究表明，抗氧化酶基因的高表达水平与抗逆能力呈显著正相关，而代谢途径中关键基因的活性调控显著影响了小麦的适应性表现。

适应性评价技术结合环境因子和种质表现，利用大数据分析和建模来优化评价体系。MET是适应性评价的核心手段，其通过在不同环境条件下测试种质资源的表现，解析基因型与环境的互作效应。生态位模型的引入进一步提升了适应性预测的精度，通过模拟种质资源在不同气候和土壤条件下的生长表现，为区域性改良提供了技术参考。

现代信息技术的应用为抗逆性与适应性评价技术注入了新动力。遥感技术和高通量表型技术通过实时监测种质资源的生长动态，显著提高了数据采集的效率和精度。人工智能（AI）和机器学习算法的引入则通过整合多维数据优化了评价模型，为小麦种质资源改良提供了强大的决策支持。

通过多维度的评价技术整合，小麦种质资源的适应性改良在精准化和高效化方面实现了重要突破。这些技术的持续发展将进一步推动育种目标的实现，为全球粮食安全和农业可持续发展提供技术保障。

第三节　小麦基因组测序与功能解析

一、小麦基因组测序的技术进展

小麦基因组因其复杂的多倍体特性和庞大基因组规模而被视为植物基因组学研究中的重要挑战。近年来，随着测序技术的飞速发展，小麦基因组测序的精度和效率显著提升，为基因功能解析和育种创新提供了强有力的技术支持。下文将系统回顾基因组测序的历史进程，解析小麦全基因组测序技术的关键突破，探讨HTS技术的应用潜力，并着眼于多组学数据的整合分析在基因组研究中的前沿实践。

（一）基因组测序的历史回顾

小麦基因组测序的探索始于20世纪下半叶，当时的研究主要集中于染色体分型和基因标记的开发。随着分子生物学技术的兴起，基因组图谱的构建成为小麦遗传学研究的核心任务。传统测序方法，如Sanger测序，虽具有较高的准确性，但因其成本高昂且效率较低，在处理小麦基因组这样庞大的多倍体物种时存在明显局限。

21世纪初期，细菌人工染色体（BAC）文库技术的应用显著推动了小麦基因组的分段测序进程。然而，由于小麦基因组高度重复序列的干扰，这一阶段的测序结果主要集中于部分染色体或特定功能区块。此后，基于物理图谱和遗传图谱的整合策略逐渐兴起，为基因组的全面解析奠定了基础。

随着新一代测序技术的出现，基因组学研究进入了全新阶段。Illumina平台的大规模并行测序和PacBio的长读长测序技术相结合，使小麦基因组的组装精度和完整性大幅提高。近年来，小麦基因组测序已经从早期的区域解析迈向全基因组精细化构建，极大地推动了小麦遗传资源的研究与应用。

（二）小麦全基因组测序技术

小麦基因组的多倍体特性和复杂结构对全基因组测序提出了严峻挑战。传统的短读长测序技术在处理小麦基因组的重复序列时难以避免组装错误，而现代测序技术使长读长测序技术和高精度平台相结合，显著提升了测序效率和精度。

第三代测序技术是小麦全基因组测序的突破口。PacBio和Oxford Nanopore技术凭借其超长读长的能力解决了基因组结构复杂性问题，同时提供了高质量的序列信息。利用这些技术，可以准确解析小麦基因组中的重复序列和结构变异，显著提升了基因组组装的连续性。

Hi-C技术的引入实现了染色体级别的三维基因组结构解析。通过测定基因组中不同片段的空间相互作用，Hi-C技术能够提供基因组的全景视图，并精确定位各片段的染色体位置。这一技术的应用推动了小麦染色体组的功能解析，为基因编辑和功能验证提供了重要依据。

全基因组参考序列的构建是小麦基因组测序的里程碑。随着技术的进步，不同小麦亚种和种质资源的基因组参考序列陆续发布，这些数据为解析小麦的进化历史和遗传多样性提供了全面支持。

（三）HTS在小麦中的应用

HTS技术的快速发展为小麦基因组研究带来了前所未有的机遇。这一技术通过大规模并行测序大幅降低了成本，同时提高了数据产出，为小麦遗传学研究提供了全面的技术支持。

RNA-Seq是HTS在小麦研究中的重要应用之一。通过分析不同生长阶段和环境条件下的基因表达数据，RNA-Seq技术能够揭示小麦基因的时空表达模式，为功能基因的挖掘和表达调控网络的构建提供了重要参考。此外，转录组数据的积累还为抗逆性和农艺性状相关基因的筛选奠定了基础。

基因组重测序（WGS）技术为小麦种质资源的评价和育种提供了全新途径。通过对不同小麦品种和近缘种的WGS，研究者能够解析遗传变异的分布模式，并通过基因型—表型关联分析定位关键功能基因。这一技术的应用显著提高了小麦种质资源的利用效率，为精准育种提供了科学指导。

HTS还在小麦的表观遗传学研究中发挥了重要作用。通过测定DNA甲基化、组蛋白修饰和非编码RNA的分布模式，研究者可以全面解析表观遗传因子在小麦发育和环境适应中的作用。这些研究结果不仅揭示了小麦复杂的调控网络，还为种质资源的优化提供了新思路。

（四）多组学数据的整合分析

小麦基因组研究的复杂性决定了单一技术存在局限性，多组学数据的整合分析是全面解析小麦基因组功能的重要途径。整合基因组、转录组、表观组和代谢组数据，可以从多个层面深入理解小麦的遗传机制和生理特性。

基因组和转录组数据的整合为小麦功能基因的筛选提供了系统化方法。通过关联分析，研究者可以定位基因组变异与基因表达模式的关系，从而识别对重要性状起关键作用的候选基因。转录组数据的动态变化也为解析小麦对环境胁迫的适应机制提供了丰富的信息。

表观组数据的加入进一步丰富了小麦基因组研究的内涵。DNA甲基化和组蛋白修饰的全基因组图谱揭示了基因表达调控的复杂性。结合表观组和转录组数据，研究者可以解析表观遗传因子如何通过调控基因活性影响小麦的发育和适应能力。

代谢组数据在揭示小麦生理特性方面具有独特优势。研究者通过分析代谢产物的变化及其与基因表达的关联，可以定位控制小麦品质和抗性的关键代谢路径。这种从基因到表型的多层次整合分析为优化育种目标提供了全新的视角。

多组学数据的整合分析在育种实践中也展现出巨大潜力。其通过将多层次数据转化为育种决策信息，可以加速优良性状的选育进程，提高小麦种质资源的利用效率。这种跨学科整合为小麦基因组学的应用提供了全新方向。

二、小麦基因组功能研究的关键领域

小麦基因组功能研究是解读其复杂遗传机制和实现精准育种的重要环节。功能基因组学的方法不断拓展，为基因功能解析和重要农艺性状的基因定位提供了技术支撑。同时，基因编辑技术的发展推动了基因功能验证的高效实施，对小麦基因表达调控网络的解析进一步完善了其复杂性状形成的理论。下文将从方法学创新到具体应用系统阐述小麦基因组功能研究的关键领域。

（一）功能基因组学的研究方法

功能基因组学通过揭示基因的表达、调控和相互作用机制，为解析小麦的复杂性状提供了系统性方法。随着技术的进步，功能基因组学的研究手段逐渐从传统基因敲除扩展到高通量分析和精准调控。

GWAS是功能基因组学的重要工具之一。通过解析基因型与表型间的相关性，GWAS能够高效定位与目标性状相关的候选基因。这一方法在小麦抗逆性、产量及品质性状研究中得到了广泛应用。研究显示，GWAS结合MET可显著提高基因定位的准确性，为复杂性状的解析提供了强有力的工具。

RNA-Seq在小麦功能基因组学中的应用也得到了快速发展。通过定量分析不同条件下的基因表达变化，转录组研究能够揭示基因的动态调控模式。转录组数据还可与基因组变异和表型数据结合，为候选基因的功能验证提供重要线索。

反向遗传学技术是功能基因组学研究的核心手段。基因敲除、基因过表达和RNA干扰等方法，可以直接验证目标基因的生物学功能。近年来，基于CRISPR/Cas系统的精准编辑技术显著提升了反向遗传学的效率和精度，为功能基因的解析开辟了新路径。

（二）重要农艺性状的基因定位

小麦的农艺性状具有复杂的遗传基础，基因定位是解析这些性状遗传机制的关键环节。通过整合基因组数据和表型数据，研究者可以实现对目标性状的精准定位，为育种实践提供科学依据。

抗逆性状的基因定位是小麦基因组功能研究的重要领域。干旱、盐碱、低温和高温胁迫是影响小麦生长和产量的主要环境因素。研究表明，与逆境胁迫相关的基因往往分布在染色体的特定区域，这些区域表现出较高的遗传变异水平。通过GWAS和连锁分析，研究者已经定位了一批与抗逆性状相关的功能基因。这些基因在调控渗透调节物质积累、抗氧化能力和信号传导等方面具有重要作用。

产量相关性状的基因定位是小麦育种的核心任务。穗长、籽粒大小和分蘖能力是决定小麦产量的关键性状，研究显示，这些性状受多基因控制，且存在显著的基因型与环境互作效应。通过全基因组扫描和染色体级别的功能定位，研究者可以精确鉴定与产量性状相关的主效和微效基因。

品质性状的基因定位为改善小麦的营养价值和加工性能提供了技术支持。蛋白质含量、淀粉组成和面筋强度是品质改良的重要指标，这些性状受到多条代谢通路的调控。研究表明，解析相关基因的遗传变异模式，可以显著提升品质性状的改良效率。

（三）基因编辑在功能验证中的应用

基因编辑技术是小麦功能基因组学研究的革命性工具。通过对目标基因的精准改造，基因编辑技术不仅能够验证基因功能，还为小麦的性状改良和新品种培育提供了直接手段。

CRISPR/Cas系统是目前最常用的基因编辑工具，其通过设计特异性向导RNA实现对目标基因的定点突变或调控。研究表明，在小麦中应用CRISPR/Cas技术可以高效实现目标基因的敲除、插入或替换。这一技术已成功应用于抗逆性和产量性状的功能验证，例如，通过编辑关键调控基因增强了小麦对盐碱和干旱的耐受性。

基因编辑技术在单倍体化小麦中展现了巨大的应用潜力。其通过调控小麦的减数分裂相关基因，可以显著提高单倍体诱导效率，为遗传研究和快速育种提供了新路径。此外，基因编辑还被用于提高小麦的光合作用效率和资源利用能力，这为应对全球气候变化和粮食安全问题提供了技术支持。

多功能基因的精确调控是基因编辑技术的新方向。其通过靶向调控基因表达的时空模式，可以实现对复杂性状的综合优化。这一方向的发展依赖于转录组和表观组数据的支持，为小麦功能基因的深入解析提供了新的研究思路。

（四）小麦基因表达调控的网络解析

小麦基因表达调控网络的解析是理解其复杂性状形成和环境适应能力的基础。通过整合转录组、表观组和蛋白质组数据，研究者可以全面解析小麦基因表达的调控机制。

小麦基因表达的转录调控是网络解析的核心。转录因子是基因表达的主要调控因子，其通过与启动子区域结合调节目标基因的转录活性。研究表明，一些关键转录因子如NAC和MYB家族成员在调控小麦的抗逆性和生长发育中发挥了重要作用。转录组数据的动态变化揭示了这些转录因子在不同发育阶段和环境条件下的调控模式。

表观遗传调控是基因表达网络的重要组成部分。DNA甲基化、组蛋白修饰和非编码RNA通过调控基因组的可及性和转录活性，参与了小麦的发育和环境适应过程。研究表明，不同环境胁迫条件下的表观遗传状态变化显著影响了小麦的抗逆性状。这一发现为通过表观遗传改良提升小麦适应性提供了理论依据。

蛋白质互作网络的解析是表达调控研究的新方向。其通过构建小麦全基因组的蛋白质互作图谱，可以揭示调控网络中关键节点基因的功能关系。蛋白质互作网络还为解析多基因调控的复杂性状提供了系统化方法，有助于对小麦功能基因的全面理解。

全面解析小麦基因表达调控网络，不仅可以深化对基因功能的认知，还为GS和精准育种提供了理论支持。这些研究将推动小麦育种技术的不断创新，为实现高效、绿色和可持续农业生产提供技术保障。

三、小麦基因组数据在育种中的应用

小麦基因组数据的积累和分析为现代育种技术奠定了理论基础，并提供了全新的实践路径。通过分子设计育种的基因组基础、表型预测与GS、性状改良指导以及数据共享平台的构建，基因组数据在提高育种效率和优化作物性状方面展现了巨大潜力。下文将从科学性和应用性两个维度，系统探讨小麦基因组数据在育种领域的实际应用。

（一）分子设计育种的基因组基础

分子设计育种是一种以基因组数据为核心的精准育种策略，旨在通过解析小麦的遗传基础，优化基因组合以实现高效育种。近年来基因组数据的快速积累为分子设计育种提供了丰富的资源。

小麦的多倍体基因组结构复杂，因此精确的基因组数据是分子设计育种的关键。借助全基因组测序技术，研究者可以全面揭示与农艺性状相关的基因分布、功能变异和遗传背景。这些数据为构建基因编辑和基因型预测模型提供了支持，从而提升了分子设计育种的效率。

基因组数据在目标性状的分子设计中具有重要作用。研究表明，小麦的产量、品质和抗性性状由多个基因协同作用调控，而GWAS和连锁分析能够定位这些性状相关的功能基因。基于基因组数据的整合分析，研究者不仅可以识别关键基因，还能预测基因间的互作网络，进而指导分子设计育种方案的优化。

此外，基因组数据还为多性状联合育种提供了技术支持。在复杂性状的遗传解析中，整合基因组、转录组和表型数据，可以构建多性状选择模型。这些模型在分子设计育种中显著提高了性状选择的精准性，缩短了育种周期。

（二）表型预测与 GS

表型预测和GS是基因组数据在育种实践中的核心应用领域。基因组数据的表型预测技术可以通过建立遗传变异与性状表型之间的关联，实现在育种早期阶段对目标性状的快速筛选。

GS的实施依赖于基因型数据和表型数据的高效整合。通过构建全基因组预测模型，研究者可以利用基因型信息对表型值进行精准预测。这一方法显著提高了复杂性状的选择效率，尤其在多基因控制的性状改良中具有突出的应用价值。

现代机器学习技术的引入进一步提升了表型预测的精度。深度学习算法通过挖掘基因型与表型之间的非线性关系，为复杂性状的预测提供了强有力的工具。研究显示，结合基因组数据和环境因子的综合预测模型在多环境条件下的适用性更强，为区域性育种方案的制定提供了科学依据。

GS在缩短育种周期方面发挥了重要作用。传统育种依赖于多世代的表型选择，而GS通过直接利用基因型数据实现了育种流程的简化。这一技术的应用不仅显著降低了育种成本，还提高了资源利用效率，为实现高效育种目标提供了可能。

（三）基因组信息对性状改良的指导作用

小麦基因组信息在性状改良中的指导作用体现在对复杂性状的精准调控和对遗传资源的高效利用上。深度解析基因组数据，可以全面挖掘小麦的遗传潜力，从而实现性状的优化与提升。

基因组数据对抗逆性状的改良具有重要意义。小麦生长环境中常见的干旱、高温、盐碱等胁迫因素显著影响了产量和品质。通过分析基因组中与抗逆性相关的功能基因，研究者筛选和导入了抗性基因位点，从而提高了小麦对复杂环境的适应能力。研究表明，抗逆性状的遗传基础涉及多个信号传导通路和代谢调控网络，这些信息为性状改良提供了全面支持。

品质性状的改良是小麦基因组数据的另一应用方向。GWAS可以定位影响籽粒品质的关键基因，并解析其调控机制。这些基因通常与代谢途径和发育调控相关，其遗传变异直接影响了小麦的蛋白质含量、淀粉结构和加工性能。基因组数据的解析为优化这些性状提供了科学依据。

此外，基因组信息对产量性状的改良具有重要指导作用。小麦产量的提升需要综合优化多个性状，包括穗粒数、粒重和分蘖能力。通过基因组数据的全景分析，研究者可以识别与这些性状相关的关键基因，并利用GS技术优化其遗传组合，从而实现产量的持续提升。

（四）基因组数据共享平台的建设

基因组数据共享平台是小麦基因组研究和育种实践的重要支撑体系。通过整合多维数据资源，这些平台为研究者和育种者提供了开放式的交流和协作空间，极大地促进了小麦基因组数据在实际中的应用转化。

现代基因组数据共享平台的建设注重数据的全面性和高效性。平台通常涵盖基因组序列、表型数据、功能注释和基因组关联信息等多个层次。这些数据的集中化管理和可视化呈现显著提高了数据利用效率，为基因组学研究和育种实践提供了强大支持。

共享平台的智能化功能拓展了基因组数据的应用边界。通过引入AI算法，平台能够对大规模数据进行快速分析和自动注释，为复杂性状的解析和精准育种提供技术支撑。此外，平台的用户界面设计注重实用性和交互性，为用户带来了友好的操作体验。

国际化合作是基因组数据共享平台建设的重要方向。小麦作为全球重要粮食作物，其基因组数据具有跨区域的应用价值。各国携手构建国际化的共享平台，可以实现数据资源的开放共享，推动全球范围内的育种技术进步和农业生产的优化。

基因组数据共享平台的持续完善为小麦基因组研究和育种实践提供了重要保障。这些平台不仅促进了数据的开放和交流，还通过整合多维信息和智能分析技术推动了基因组数据的高效转化。未来，随着数据资源的进一步丰富和技术的不断进步，共享平台将在小麦育种中发挥更加重要的作用。

第四节　小麦遗传资源的挖掘与保护

一、小麦遗传资源的现状与分类

小麦遗传资源是保障粮食安全和推动育种创新的关键。当前，小麦遗传资源在全球范围内的分布广泛且种类丰富，但随着农业集约化发展，其多样性正面临严峻挑战。下文将系统分析小麦遗传资源的现状与分类，从原始种质、栽培类型到地方品种和野生近缘种，全面揭示其资源现状和保护状况，为小麦遗传资源的科学利用和有效保护提供理论依据。

（一）原始种质的分布与分类

原始种质是小麦遗传资源的核心部分，主要包括野生种和古代栽培品种。这些资源以其遗传多样性和独特性为小麦育种提供了重要的遗传基础。原始种质的分布受到地理、气候和生态环境的多重影响，其分类体系还在不断完善中。

在地理分布上，小麦原始种质主要集中于全球小麦起源地和多样性中心，包括西亚、南欧和中亚等地。这些地区的多样性中心为研究小麦进化历史和遗传变异规律提供了宝贵资源。研究表明，不同地理区域的野生种在遗传结构上存在显著差异，这种差异为开发抗性和适应性基因提供了可能。

分类体系的建立以基因组学和表型特征为基础。基因组分析揭示了野生小麦种质在基因组结构上的特异性，包括染色体倍性和序列变异等方面的差异。结合分子标记技术，研究者可以对野生种进行精细化分类，进一步明确其进化关系和适应性特点。

（二）栽培小麦遗传资源的类型

栽培小麦遗传资源涵盖了现代小麦品种和传统栽培品种，广泛分布于全球各大小麦种植区。栽培资源类型的多样性不仅体现在遗传结构上，还包括表型特性、适应性及其在农业生产中的用途。

现代小麦品种以高产性和稳定性为主要特征，经过长期的人工选择，其遗传多样性有所减少。研究显示，现代栽培品种的基因组中存在显著的选择性扫荡区域，这些区域包含了与高产性、抗病性及品质性状相关的关键基因。然而，这种高度集中的遗传结构也限制了其对环境变化的适应能力。

传统栽培品种保留了较高的遗传多样性和适应性，这使其在特定环境条件下表现出优异的抗逆性和生态适应性。研究者通过对传统品种的基因组测序和表型数据分析，可以发现一系列与复杂性状相关的遗传位点，这些资源为未来的育种目标提供了多样化的选择。

栽培小麦资源还包括特定用途的小麦类型，如用于制作高筋面粉和特殊食品的专用品种。这些资源的开发和优化依赖于对其基因组的精准解析，结合品质性状的分子标记，为特定功能性育种提供支持。

（三）地方品种与野生近缘种的保护现状

地方品种和野生近缘种是小麦遗传资源的重要组成部分，其多样性和特异性为现代育种提供了难以替代的遗传基础。然而，随着农业生产方式的变革和自然栖息地的减少，这些资源正面临严重的丧失风险。

地方品种的遗传多样性是长期自然选择和人工选择的结果。这些品种不仅适应于特定的生态环境，还体现了区域文化和农业传统。研究表明，地方品种中的特定基因对现代育种中的抗逆性和适应性改良具有重要价值。然而，由于高产新品种的广泛推广，地方品种的种植面积显著减少，导致其遗传多样性面临威胁。

野生近缘种是小麦遗传资源的重要补充，其基因组中包含了许多尚未被充分利用的优异基因。这些基因主要涉及抗病性、抗逆性和品质性状等，为解决现代农业面临的复杂问题提供了潜在解决方案。研究发现，野生近缘种在染色体结构和基因组序列上表现出显著的独特性，这为挖掘新的功能基因提供了可能。

当前地方品种和野生近缘种的保护面临诸多挑战。一方面，自然栖息地的破坏导致野生种群的规模急剧下降；另一方面，农业生产模式的集约化使地方品种逐渐被现代品种取代。为了应对这些问题，需要建立系统化的保护机制，包括种质库的构建、野生种群的原生境保护以及现代分子技术在资源评估和保护中的应用。

综合分析小麦遗传资源的现状与分类，可以看出，这些资源不仅是现代育种的基础，也是应对未来农业挑战的关键。深入挖掘和科学保护小麦遗传资源，可以为全球粮食安全和农业可持续发展提供长期支持。

二、小麦遗传资源的创新利用

小麦遗传资源的创新利用是推动农业生产可持续发展的关键手段。通过挖掘优异基因、开发抗病虫性状、提升品质性状以及利用分子技术实现资源创新，可以最大程度地释放遗传资源的潜力。下文聚焦于小麦遗传资源创新利用的关键方法和前沿技术，旨在构建高效利用与可持续开发的理论和实践框架。

（一）优异基因的挖掘方法

优异基因是小麦遗传资源创新利用的核心。深入挖掘控制重要性状的关键基因，可以为育种目标的实现提供明确方向。现代基因组学技术的快速发展为优异基因的精准定位和功能解析提供了重要支持。

GWAS是挖掘优异基因的重要方法。该技术整合基因型和表型数据，能够定位与目标性状相关的基因区域，并揭示这些基因在不同环境条件下的表现。研究表明，GWAS在抗逆性、产量及品质性状相关基因的挖掘中表现出较高的效率。

WGS技术为优异基因的发现提供了全面的数据支持。对不同小麦种质资源的

WGS，可以全面解析其遗传变异，并通过比较基因组学方法鉴定与功能相关的特异基因。WGS技术还能够识别小麦进化过程中保留下来的重要功能基因，为探索遗传资源的潜力提供数据支撑。

基因编辑技术在优异基因挖掘中的应用具有重要意义。利用CRISPR/Cas系统，可以高效验证目标基因的功能，并通过定向突变优化其性能。这一技术为解析基因在复杂性状中的作用机制提供了直接证据。

（二）遗传资源在品质育种中的作用

品质性状是小麦遗传资源创新利用的重要方向。发掘与籽粒成分、营养价值和加工性能相关的优异基因，可以显著提升小麦的市场竞争力和应用价值。

研究显示，小麦品质性状的遗传基础复杂，涉及多个代谢途径和调控网络。基因组数据的解析表明，与蛋白质含量、淀粉组成和面筋强度相关的基因多位于特定的染色体区域。利用这些基因的多样性可以优化品质育种目标。

GWAS和GS在品质育种中的应用为挖掘优异基因提供了技术支持。这些技术不仅能够精确定位控制品质性状的主效基因，还能够通过预测性状表现优化基因组合，从而实现品质性状的综合改良。

转录组学和代谢组学技术的结合为解析品质性状的调控网络提供了全新视角。通过分析基因表达与代谢产物之间的关联，可以识别影响品质性状的关键调控因子。这些研究成果为制定精准的品质改良策略奠定了基础。

（三）抗病虫性状的资源开发

病虫害是限制小麦产量和品质的重要因素，开发具有抗病虫性状的遗传资源是提升小麦种质创新能力的关键途径。筛选抗性基因并将其引入现代品种，可以有效提高小麦的抗病虫能力。

抗性基因的定位和挖掘依赖于基因组数据的全面解析。研究表明，小麦的抗性基因主要分布在特定的染色体区域，这些区域常与信号传导和防御反应相关的基因群紧密相连。通过GWAS和遗传图谱构建，可以高效定位这些关键基因。

功能基因组学和转录组学技术为抗性基因的功能解析提供了重要支持。分析小麦在病原胁迫下的基因表达模式，可以筛选与防御反应相关的候选基因，并通过功能验证优化其在育种中的应用。

基因编辑技术为抗病虫性状的创新开发提供了直接工具。调控抗性基因的表达水平，可以增强小麦对特定病虫害的防御能力。研究显示，编辑与抗性相关的信号传导基因，可以显著提升小麦的抗逆能力，为病虫害防控提供了新思路。

（四）基于分子技术的资源创新

分子技术是推动小麦遗传资源创新利用的核心驱动力。整合基因组学、转录组学和代谢组学数据，能够全面挖掘小麦遗传资源的潜力，并通过精准调控实现创新利用。

基因编辑技术是资源创新的重要手段。CRISPR/Cas系统对目标基因进行精准改造，可以优化小麦的农艺性状并提升其适应性。基因编辑技术还可以用于改造多基因控制的复杂性状，通过调控基因表达网络实现性状优化。

表观遗传学技术为小麦遗传资源的创新利用开辟了新的研究方向。通过解析DNA甲基化和组蛋白修饰对基因表达的调控作用，研究者可以发现表观遗传标记在性状形成中的关键作用。这些标记不仅为性状预测提供了新的依据，还为开发新的育种策略提供了技术支持。

分子标记技术是遗传资源创新的重要工具。开发与目标性状相关的分子标记，可以实现MAS在育种实践中的应用。这一技术显著提高了育种效率，并通过多性状联合选择优化了育种目标。

通过全面整合现代分子技术，小麦遗传资源的创新利用在效率和精准性上得到了显著提升。这些技术的应用不仅拓展了资源开发的深度和广度，还为未来农业生产的可持续发展提供了技术保障。

三、小麦遗传资源保护的现代策略

小麦遗传资源的保护是确保农业可持续发展和粮食安全的核心任务。随着现代农业技术的进步和生态环境的变化，遗传资源保护的手段不断升级。从基因库和种质库的构建到信息化管理，再到濒危资源的离体保存以及国际合作的推进，各种现代策略的实施为遗传资源的长期保存和高效利用奠定了坚实基础。下文系统探讨了当前小麦遗传资源保护的关键方法和未来发展方向。

（一）基因库与种质库的构建

基因库和种质库是遗传资源保存的核心设施，通过科学的管理和优化的保存条件，可确保遗传资源的长期稳定性。基因库主要负责遗传信息的采集与存储，而种质库则侧重于种子和植物材料的实物保存。

基因库的构建依赖于高精度的遗传数据采集和分析技术。全基因组测序和分子标记分析，可以全面记录小麦种质资源的遗传特征，为资源的系统保存提供数据支持。研究表明，HTS技术显著提高了基因库的数据处理效率，为全球范围内的遗传资源共享奠定了基础。

种质库的建设注重实物资源的物理保存条件。低温和低湿环境是保障种质活性的关键，通过优化存储环境可以延长种质的寿命。近年来，超低温保存技术和真空密封技术的应用显著提升了种质库的保存能力。此外，针对特殊种质的保存需求，还开发了短期保存和中期保存的多种方法，以适应不同资源的特性。

（二）基因资源信息化管理

信息化管理是现代遗传资源保护的核心手段之一，通过构建数字化平台，可以实现资源数据的高效整合和共享。小麦基因资源的信息化管理涵盖了数据采集、存储、分析和共享等多个环节。

数字化平台的建设为遗传资源的高效管理提供了技术支持。整合基因组数据、表型数据和环境数据，可以构建多维度的资源数据库。这些数据库不仅为遗传资源的精准评估提供了基础，还通过智能化分析手段提升了资源的利用效率。

AI和大数据技术的引入为信息化管理注入了新的活力。利用机器学习算法，可以对海量资源数据进行高效分类和筛选，挖掘遗传资源的潜在价值。此外，信息化平台的可视化功能为研究者提供了便捷的操作界面，大幅提高了资源管理的效率。

国际化的资源信息共享是信息化管理的重要方向。构建全球性的小麦遗传资源数据网络，可以实现跨国界的资源交流与合作。这种开放共享模式不仅推动了资源的科学研究，还通过全球协作提升了遗传资源的保护能力。

（三）濒危资源的离体保存技术

濒危资源的离体保存是针对特定资源采取的精细化保护措施，借助体外培养和保存技术可以实现对脆弱资源的长期保护。离体保存技术在保障遗传多样性和维护生态平衡方面具有重要作用。

离体保存的核心在于培养条件的优化和基因稳定性的维护。无菌操作和优化培养基配方，可以显著提高濒危资源的存活率。研究表明，低温保存和超低温保存技术是离体保存的关键方法，可以有效延缓细胞代谢活动，从而延长资源的保存期限。

细胞与组织培养技术为离体保存提供了理论和技术支持。这种技术通过培养胚、茎尖和花粉等组织，可以实现对濒危资源的多样化保存。这些技术不仅确保了资源的完整性，还通过诱导遗传变异提供了新的育种材料。

离体保存的基因稳定性是技术发展的重点领域。优化冷冻保护剂的使用和保存温度，可以最大限度地减少遗传变异的发生。此外，基因组检测技术的应用使得对保存资源的遗传稳定性监测成为可能，为离体保存的规范化提供了保障。

（四）遗传资源保护的国际合作

国际合作是小麦遗传资源保护的重要推动力，通过全球性的合作框架，可以实现资源信息的共享与互补，提升资源保护的整体效率。国际合作的重点包括数据共享、技术交流和资源交换。

数据共享是国际合作的基础，通过建立统一的数据格式和共享协议，可以实现不同国家和地区之间的数据无缝对接。研究显示，整合全球范围内的小麦遗传资源数据库有助于提升资源的利用效率，并通过数据的开放性吸引更多研究力量参与其中。

技术交流是国际合作的核心内容之一。举办国际会议和研讨会，可以促进遗传资源保护技术的传播和应用。此外，跨国研究项目的开展不仅推动了技术的进步，还通过资源互补实现了合作共赢。

资源交换是国际合作的重要形式。种质资源的跨境交换，可以有效提升资源的多样性，为遗传研究和育种实践提供更多选择。研究表明，通过国际资源交换引入的优异基因在提升小麦品种适应性和抗性方面具有显著效果。

（五）生态环境与资源保护的联动

生态环境的健康与遗传资源的保护密不可分。构建资源保护与生态环境协同发展的模式，可以实现遗传资源保护的长期可持续性。联动策略的核心在于生态修复、环境监测和资源保护措施的同步实施。

生态修复是联动策略的基础，通过改善生物栖息地条件，可以为遗传资源的保护提供适宜的环境。研究表明，恢复小麦野生近缘种的自然分布区域显著增强了资源的遗传多样性，为未来的资源利用奠定了基础。

环境监测是联动策略的重要环节。借助高精度的监测技术，可以实时掌握资源栖息地的环境变化，为资源保护决策提供科学依据。此外，长期积累的环境监测数据也为资源保护政策的制定提供了参考。

资源保护措施的实施需要与生态管理相结合。划定自然保护区和生态缓冲带，可以为濒危资源提供有效的隔离保护。同时，农业生产活动的生态化转型也是实现资源保护与环境协调发展的重要途径。

通过现代策略的综合实施，小麦遗传资源的保护体系在科学性和可操作性方面得到了显著提升。这些策略的应用不仅为小麦遗传资源的长期保存提供了保障，还为全球粮食安全和生态环境的可持续发展注入了新的动力。

第二章

小麦育种的传统方法与现代改进

第一节　系谱法在小麦育种中的应用

一、系谱法的基本原理

系谱法作为小麦育种的重要传统方法，基于遗传学的选择性原理和世代递进性，借助精确的世系记录和遗传分析，确保优良性状的稳定传递。结合现代育种技术，系谱法不仅强化了遗传改良的科学基础，还在性状稳定传递和多世代育种中发挥了独特优势。

（一）选择性遗传的科学依据

系谱法的理论基础来源于孟德尔遗传定律和现代数量遗传学理论，其核心在于通过对目标性状的选择和累积，逐步优化种群遗传结构。在小麦育种中，选择性遗传的实现依赖于对关键基因的鉴定和优良基因型的筛选。现代分子标记技术的发展，如SNP标记的应用和分子连锁图谱的构建，为系谱法提供了精准的基因识别手段。

通过深入分析目标性状的遗传控制机制，研究者能够根据遗传连锁性和基因表达规律，确定优良性状的遗传基础。在此过程中，表型数据与基因型数据的整合成为系谱法精准选择的关键。尤其是在高产、抗病性状的遗传研究中，系谱法通过科学的选择性积累，实现了关键基因位点的高效传递和目标性状的稳定优化。

（二）世代跟踪的技术要点

系谱法的核心技术之一是对育种群体的世代跟踪。通过对每一代群体的生长环境、遗传表现和性状分布的系统记录，育种者能够全面掌握性状变化趋势以及优良基因的稳定性。进行世代跟踪不仅需要精准的记录方法，还需要结合遗传统计学的分析工具，以确保数据的科学性和一致性。

现代育种实践中，世代跟踪已逐步与信息化技术相结合。育种者通过引入GS和表型组学技术，能够动态监测目标性状在群体中的分布状态。尤其在分子生物学技术的支持下，单株世系的遗传进程得以更加全面地呈现，显著提升了育种效率和数据准确性。

（三）世系记录与性状稳定性

在系谱法的应用中，世系记录是确保性状稳定传递的基础。通过对每一代育种材料的表型特征、遗传背景和环境响应的详细记录，育种者能够追溯性状遗传的历史进程，进而优化选择策略。在小麦育种的实践中，世系记录不仅反映了性状的遗传规律，也为目标性状的遗传稳定性提供了科学依据。

现代信息技术的应用为世系记录的精确性和高效性提供了强有力的支持。数据库技术、基因组信息平台和智能育种管理系统的广泛应用，使世系记录得以从传统的手工记录转变为数字化管理。通过精细的数据信息管理，育种者能够在分子水平和表型层面同时跟踪性状传递的规律，为复杂性状的遗传改良提供科学保障。

二、系谱法在性状改良中的应用

系谱法作为一种兼具科学性和实践性的育种方法，凭借其在选择性遗传中的稳定性和逐代优化的特点，成为小麦性状改良的重要手段。结合现代分子生物学和遗传学技术，系谱法在优良性状的定向培育、抗病性状的筛选与积累、高产性状的遗传改良以及品质性状的优化等方面展现了独特的优势与广泛的适应性。

（一）优良性状的定向培育

优良性状的定向培育是小麦育种的核心任务之一，其理论基础来自遗传学中的性状累积原理和基因型的定向优化。通过系谱法，育种者能够在世代交替中累积目标性状的基因型，使其在下一代的群体中得以显现并稳定下来。该过程强调遗传选择的科学性和目标性状的精准定位，依托基因组学与表型组学技术的进步，使优良性状的培育更加高效。

目标性状的定向优化需从遗传基础入手，通过明确优良性状的遗传规律与基因型特点，为育种策略提供理论依据。在育种实践中，基因的多样性与优良基因的稳定性是实现性状改良的关键。基因编辑和MAS技术的发展为定向培育提供了更为精准的工具。基因编辑可以直接对目标基因位点进行改造，从而显著提升目标性状的优化效率，而MAS能够大幅缩短筛选周期，提高育种精度。

表型特征的精确测定是优良性状定向培育的重要环节之一。现代育种体系强调高通量表型组学技术的应用，通过对目标性状的多维度分析，深入挖掘表型与基因型的关联。高通量表型组学不仅能够帮助育种者从数量性状入手进行系统优化，还能为多性状协同改良提供科学支持。在此过程中，环境影响的因子作用需与遗传背景相结合，以确保目标性状在不同条件下的稳定性与适应性。

在优良性状的累积过程中，基因网络调控与生物信息技术的结合是突破传统育种瓶颈的重要方向。通过系统解析基因网络的调控关系，育种者能够揭示性状间的内在联系与潜在协同效应，从而优化多性状的协调选择策略。生物信息技术的广泛应用使育种者能够对海量的基因与表型数据进行整合分析，为育种决策提供强有力的支持。

优良性状的定向培育还强调群体遗传结构的优化，即通过选择性遗传提高目标基因型在育种群体中出现的频率。现代群体遗传学方法为优化育种群体提供了技术支持，使群体内的基因多样性得以平衡，同时增强目标基因的表达效果。这种基于群体优化的育种模式不仅提升了系谱法的育种效率，还在一定程度上规避了遗传漂变对性状改良的不利影响。

综上所述，优良性状的定向培育以遗传学理论为基础，以现代生物技术为手段，通过精确选择和优化调控，逐步实现目标性状的积累与稳定，为小麦育种提供了强有力的技术保障。

（二）抗病性状的筛选与积累

抗病性状的筛选与积累是小麦育种中应对病害挑战的关键策略。借助系谱法，育种者能够在多代选择中逐步筛选出具有优异抗病能力的植株，并通过基因型的累积实现抗病能力的稳定提升。抗病性状的筛选需要从病原菌的种类、抗性机制及环境因素等多角度出发，结合现代遗传学理论和分子生物学技术，制定科学的改良路径。

在抗病育种中，目标基因的鉴定与功能解析是核心环节之一。HTS技术与功能基因组学的发展使得抗病基因的鉴定更加精准，为筛选育种提供了全新的技术平台。通过对目标基因的调控区域和表达模式进行深入研究，育种者可以揭示基因在抗病过程中的作用机制，从而为抗病性状的筛选提供理论依据。

环境条件对抗病性状的稳定性影响显著，因此，筛选过程中需考虑基因型与环境互作对性状表现的调控作用。现代育种中采用的MET与遗传分析相结合的方法能够有效评估抗病基因的适应性，为实现抗病能力的广泛应用奠定基础。此外，抗病机制的复杂性和多样性要求育种者综合利用多基因抗性与单基因抗性的优势，以提升抗病育种的有效性和持久性。

抗病性状的累积需要依托MAS技术和GS技术。利用分子标记技术，育种者能够快速定位抗病基因，并通过分子标记的连锁效应追踪其在群体中的遗传表现。GS技术则可以在抗病性状的早期世代实现精准预测和选择，显著提高育种效率。

在抗病性状的优化过程中，基因编辑技术的应用潜力巨大。通过定点修饰与病害抗性相关的关键基因位点，育种者能够显著增强目标植株的抗病能力。此外，基因表达调控技术和RNA干扰技术的发展也为抗病性状的筛选与积累提供了更多可能。

综上所述，抗病性状的筛选与积累以抗病基因的识别和功能解析为基础，通过现代生物技术与传统育种技术的有机结合，逐步增强小麦的抗病能力，为保障农业生产安全提供了重要支持。

（三）高产性状的遗传改良

高产性状的遗传改良是小麦育种的核心目标之一，其实现过程基于对产量相关性状的多维优化以及对遗传基础的深入理解。借助系谱法，育种者能够在多代选择中实现高产基因型的稳定积累和表达。现代生物技术的快速发展进一步推动了高产性状改良向精确化和科学化迈进，为全面提升小麦产量提供了强有力的技术支撑。

产量性状的遗传改良需要对相关性状的遗传控制机制进行系统解析。产量性状作为典型的数量性状，其遗传控制涉及多个基因的加性效应、显性效应和上位性效应。基于基因组学技术的高密度遗传图谱构建为研究产量性状的遗传机制提供了科学平台，GWAS和连锁分析进一步揭示了与产量相关的关键基因及其遗传特性。

在育种实践中，高产性状的优化注重对关键性状的综合改良，包括穗数、穗粒数、千粒重和生物量分配等核心指标。这些性状的遗传改良需要在基因型选择的基础上，结合表型组学技术，进行大规模的表型评估和数据整合。通过整合表型与基因型信息，育种者能够全面掌握产量相关性状的遗传控制规律，为优化选择策略提供依据。

高产性状的遗传改良还需要考虑环境因素对性状表达的影响。通过MET与基因型与环境互作分析，育种者能够评估高产基因型在不同环境条件下的适应性和稳定性。这种环境与遗传的协同优化策略不仅提升了高产性状改良的效率，还增强了目标性状在不同种植区域的稳定性。

现代分子生物学技术的应用为高产性状的改良提供了更加高效和精准的手段。基因编辑技术通过对关键基因位点的直接修饰，能显著提升目标性状的遗传效应。此外，MAS和GS技术能够在育种早代实现高效筛选，缩短育种周期，同时确保目标基因的快速积累。结合基因网络调控分析，育种者还可以优化产量性状之间的协同效应，从而实现更高水平的遗传改良。

产量性状的改良还应关注资源高效利用与环境可持续性。通过优化与水分利用效率、养分吸收效率相关的基因型，育种者能够提升小麦的资源利用效率，为实现绿色高效农业奠定基础。这种可持续育种策略与传统系谱法的结合，为高产性状的综合优化提供了新的发展方向。

（四）品质性状的优化策略

品质性状的优化是小麦育种的重要任务之一，其目标在于在满足不同市场需求和消费者偏好的同时，提高小麦产品的附加值和加工性能。利用系谱法，育种者可以对品质相关性状进行多代选择和优化，从而实现基因型与表型的协同改良。现代育种技术的广泛应用使品质性状的优化更加精准高效，为满足全球粮食安全和营养需求提供了技术支持。

小麦品质性状的优化以其遗传基础为核心。品质性状主要由数量基因控制，涉及蛋白质含量、面筋强度、淀粉性质等多个关键指标。结合功能基因组学和转录组学技术，研究者能够系统解析与品质性状相关的基因网络及调控机制，从而为精准育种提供科学依据。在此基础上，结合MAS和GS技术，育种者能够在早期世代实现对目标基因的快速筛选和积累。

表型特征的精准测定是优化品质性状的关键环节。现代高通量表型分析平台的引入显著提升了品质性状的测定效率，为表型—基因型关联分析提供了高质量的数据支持。这种技术结合系谱法的世代选择特点，进一步提高了品质性状优化的效率。

品质性状的优化策略需要综合考虑多种性状的协同改良。蛋白质含量与面筋强度的优化需在保证高加工性能的基础上，提升面粉的适口性与营养价值。淀粉性质的改良则要求对颗粒大小、结构及其生物合成途径进行深入研究，从而实现高品质淀粉的定向优化。现代代谢组学技术的发展为揭示品质性状的遗传调控机制提供了全新思路，使多性状协同优化成为可能。

环境因素对品质性状的影响也需在优化策略中予以充分考量。通过MET，育种者能够评估不同基因型在特定环境条件下的品质稳定性，为制定区域化育种策略提供参考。基因型与环境互作分析的引入，使品质性状的优化策略更加科学，为优质小麦的推广奠定了基础。

品质性状的优化还需与可持续发展目标相结合。在当前全球农业生产环境面临多重挑战的背景下，优化与气候适应性、资源高效利用相关的品质基因型已成为育种工作的重点方向之一。这种基于遗传改良的综合优化策略为小麦育种赋予了新的内涵，同时也为全球粮食生产和营养安全做出了积极贡献。

三、系谱法的局限性及优化方向

系谱法作为一种经典的小麦育种方法，在遗传选择与世代优化方面具有显著优势。然而，面对复杂的多性状改良需求和遗传变异的多样性，系谱法的局限性逐渐显现。结合现代分子技术与信息化手段，系谱法在育种效率与精准性方面得以进一步优化，为传统育种方法的现代化发展指引了方向。

（一）遗传变异的限制因素

遗传变异是育种过程中实现性状改良的基础，而系谱法的应用在某些条件下可能面临遗传变异不足的问题。长期的定向选择容易导致种群遗传多样性降低，使得后续的改良潜力受限。尤其是在高度自交的小麦品种中，遗传变异的丧失可能削弱其对环境变化的适应性和抗逆能力。

基因漂变是限制遗传变异的另一重要因素。在系谱法中，由于小规模种群的反复选择和纯化，非目标性状的遗传漂变可能导致某些重要基因的意外丢失。这种基因丢失可能会对后代的遗传平衡和改良效率产生不利影响。

现代基因组学技术为解决遗传变异的限制提供了新的途径。借助HTS技术和基因编辑工具，育种者能够在分子水平上创造新的遗传变异，同时识别并恢复丢失的关键基因。此外，人工诱变和远缘杂交技术的结合，为扩展种质资源的遗传多样性提供了更多可能。

（二）多性状改良的复杂性

小麦育种中的多性状改良目标要求同时优化产量、品质、抗病性及环境适应性等。然而，系谱法在多性状协同改良中面临较大挑战。数量性状的复杂遗传机制使得多性状选择的遗传效应可能相互抵消，从而降低选择效率。此外，不同性状的遗传相关性和上位效应进一步提升了改良的复杂性。

性状之间的负相关性是多性状改良中的主要障碍。例如，提高产量可能导致品质下降，而增强抗病能力可能削弱产量性状的表现。这种复杂性要求育种者在系谱法的选择过程中，深入分析性状间的遗传关联，以平衡多性状选择策略。

GS技术的发展为多性状改良提供了科学工具。通过构建多性状遗传连锁图谱，育种者能够系统分析性状间的遗传关联和调控机制，从而制定协同改良策略。此外，基因网络分析和多性状选择指数的引入，为优化多性状改良目标提供了理论支持。

（三）结合分子技术的改进方向

在现代生物技术的推动下，系谱法与分子技术的结合成为其优化方向的重点之一。MAS技术通过标记目标性状的关键基因，为早代选择提供了科学依据，从而显著提高了选择效率和准确性。GS技术则利用全基因组的遗传信息，优化多世代选择策略，减少了传统系谱法的选择周期。

基因编辑技术为系谱法的优化开辟了新的路径。通过精确修饰目标基因的功能区域，育种者能够实现对性状的精准调控。此外，基因表达调控技术和转录组学分析在揭示基因调控网络方面具有重要作用，为多性状优化提供了新的科学依据。

信息化技术的引入进一步提升了系谱法的管理与分析能力。育种数据库和智能管理系统能够对多代系谱信息进行高效整合和分析，为性状遗传规律的挖掘提供了便捷工具。同时，AI技术的应用为育种者提供了基于大数据的选择预测与优化建议，使系谱法在复杂育种环境中展现出更强的适应性。

综上所述，系谱法在现代育种中通过结合分子技术和信息化手段，克服了传统方法的局限性。未来将持续关注遗传变异的拓展、多性状协同改良以及新技术的深入应用，从而推动小麦育种效率与质量的全面提升。

第二节 杂交育种的原理与技术优化

一、杂交育种的遗传学基础

杂交育种作为小麦改良的核心策略之一，其理论源于遗传学的经典理论和现代基因组学的研究成果。通过杂种优势的利用、基因重组的调控以及亲本选配的优化，杂交育种不仅提升了小麦的产量和品质，还为多性状的协同改良提供了科学依据。在遗传学基础的支持下，杂交育种技术不断优化，为满足多元化的农业需求奠定了坚实基础。

（一）杂种优势的生物学原理

杂种优势作为杂交育种的重要理论，其生物学原理在遗传学和生物学研究的不断深入中得到了系统阐释。杂种优势的核心在于通过遗传多样性和基因表达的互补性，培育出比亲本性能更优的后代。现代分子生物学的发展进一步揭示了杂种优势的调控机制，为杂交育种策略的优化提供了理论支持。

1. 遗传多样性的作用

遗传多样性是杂种优势形成的前提条件。在遗传层面，杂种个体通过融合两个不同亲本的遗传物质，获得了更丰富的基因库。这种遗传多样性使得后代在基因型表现上具有更强的适应性和抗逆性。这种多样性不仅提高了对环境压力的抵御能力，还提升了后代在数量性状上的表现力。

异质性基因的互补性在遗传多样性中扮演了关键角色。异质基因通过增加基因网络的冗余性和功能性，可以有效降低不良性状的出现概率，同时增强目标性状的表现能力。遗传学研究表明，这种基因互补性在不同生理和生化路径上具有协同作用，从而促进了杂种优势的形成。

2.基因表达的调控机制

杂种优势不仅仅来源于基因的累积效应，还受到基因表达调控的显著影响。在杂交后代中，基因表达水平的提高和表达模式的重组是杂种优势的核心调控机制之一。表观遗传调控的作用尤为重要，通过DNA甲基化、组蛋白修饰和非编码RNA调控等方式，杂交后代能够更高效地利用基因组资源，从而实现生长、产量和抗逆能力的全面提升。

基因表达的动态性在杂交后代中的表现尤为显著。研究发现，在异质基因型的杂交后代中，某些关键基因的表达水平明显高于亲本，这种过量表达效应直接推动了目标性状的优化。同时，基因组间的互作效应也对基因表达产生了重要影响，基因间的协同调控在提升杂交后代综合性能方面起到关键作用。

3.遗传网络的协同性

遗传网络的协同性是杂种优势稳定表现的重要保障。在遗传网络中，基因间的作用决定了性状的综合表现。杂交后代通过优化遗传网络的结构与功能，能够在代谢效率、资源利用和环境适应性方面表现出明显优势。

现代生物信息学技术为揭示遗传网络的协同性提供了科学工具。通过GWAS和系统生物学方法，研究者能够识别与目标性状相关的关键基因模块。这些基因模块通过协同调控作用显著提升了杂种优势的表现水平。此外，对遗传网络的拓扑结构分析也显示，关键基因的枢纽作用是维持网络稳定性和功能多样性的核心。

4.环境因子的调控影响

杂种优势的表现受到环境因子的显著影响。环境因子通过影响基因表达和代谢路径，对杂交后代的性状形成产生重要作用。研究发现，杂交后代对环境变化的敏感性明显低于亲本，这主要得益于其在基因表达调控和代谢适应性方面的优势。

基因型与环境互作分析为揭示环境因子对杂种优势的调控机制提供了新视角。结合MET和基因型分析，研究者能够评估不同基因型在多样环境下的表现稳定性。这种分析方法不仅为环境适应性育种提供了理论支持，还为优化杂交育种策略提供了实践指导。

（二）基因重组的遗传效应

基因重组是遗传多样性形成的核心机制之一，在杂交育种中发挥着至关重要的作用。通过基因重组，不同亲本的遗传物质得以在后代中重新组合，从而为性状改良和多样性提升提供了丰富的遗传资源。现代遗传学研究和分子生物学技术的快速发展进一步揭示了基因重组的调控机制与应用潜力，为杂交育种策略的优化提供了科学支撑。

1．基因重组的遗传基础

基因重组主要在减数分裂期间通过同源染色体交换实现。在此过程中，同源染色体间的交叉互换促进了基因片段的重新组合，从而打破了基因间的连锁关系。基因重组不仅增加了遗传变异的频率，还为数量性状和品质性状的协同优化创造了条件。研究表明，重组热点区域的分布与基因密度及染色体结构密切相关，这些区域的活跃性直接决定了重组效率和遗传多样性。

染色体结构对基因重组具有重要调控作用。染色质状态、组蛋白修饰和DNA甲基化水平等表观遗传因素对重组过程具有显著影响。开放的染色质结构通常有助于重组事件的发生，而高甲基化水平可能抑制某些区域的重组活性。现代分子遗传学研究揭示了染色体重组热点的动态调控机制，为精准育种提供理论支持。

2．基因重组的功能效应

基因重组通过重构遗传物质，显著提升了后代的性状表现力和适应性。在性状改良中，重组效应通过基因的加性效应、显性效应和上位效应共同实现性状的多维优化。基因重组不仅打破了不良性状的连锁效应，还通过增强目标性状的遗传潜力，为小麦产量和品质的提升提供了遗传基础。

基因重组的功能效应在遗传多样性提升中的作用尤为显著。通过增加基因型的变异，重组效应能够增强后代对环境变化的适应能力。研究表明，基因重组在抗病性状和环境适应性改良中表现出强大的遗传效应，尤其是在多基因控制的复杂性状中，其重要性更加突出。

多性状协同改良是基因重组功能效应的另一个体现。通过重组效应的优化，目标性状间的负相关性能够得到缓解，从而实现多性状的平衡改良。基因网络分析显示，重组效应能够增强基因模块的协同性，为复杂性状的遗传改良提供了全新视角。

3. 基因重组的调控机制

基因重组的调控涉及遗传和环境因素的多重作用。在遗传层面，重组相关基因和蛋白质的功能直接决定了重组事件的频率和方向。重组酶的活性、染色体的同源配对及其动态变化对重组效率具有决定性影响。基因功能研究表明，某些重组热点区域受特定基因的精确调控，这些基因通过调节重组酶的活性或染色体结构，为高效重组提供分子基础。

环境因子对基因重组的调控作用同样不可忽视。温度、光照和水分等环境条件能够通过表观遗传调控影响染色体的结构与功能，进而间接调节基因重组的活性。基因型与环境互作分析显示，特定环境条件下的重组事件可能显著改变目标性状的遗传表现，为环境适应性育种提供了科学依据。

现代分子技术为解析基因重组的调控机制提供了先进工具。通过HTS和基因编辑技术，研究者能够精准定位重组热点区域及其调控因子。这些技术的应用不仅揭示了基因重组的复杂性，还为优化重组效率和方向提供了技术支持。

4. 基因重组在育种中的应用潜力

基因重组在杂交育种中的应用潜力主要体现在遗传多样性扩展、多性状优化和提升目标性状稳定性等方面。通过优化重组效应，育种者能够显著提高复杂性状改良的效率，同时缩短育种周期。在多代选择中，基因重组的作用不断累积显现，进一步增强了目标群体的遗传优势。

结合分子标记技术和GS策略，基因重组的应用潜力得到了充分挖掘。分子标记技术能够快速定位重组热点区域，为育种选择提供精准依据。GS通过整合全基因组遗传信息，提升了对重组效应的预测能力，为多性状改良提供了高效解决方案。

（三）亲本选配的遗传理论

亲本选配是杂交育种的核心环节之一，其成功与否直接决定了杂交后代的遗传表现以及育种目标能否实现。基于遗传学的经典理论和现代基因组学研究，亲本选配不仅涉及遗传多样性和相容性的分析，还需综合考虑目标性状的协同性和环境适应性。通过科学的亲本选配，育种者能够最大限度地发挥杂种优势，同时规避不利遗传效应，为育种效率和品质提升提供保障。

1．亲本遗传背景的分析

亲本遗传背景的多样性是确保杂交后代表现优异的基础。在遗传学中，不同亲本的基因型差异是产生遗传变异和杂种优势的前提条件。研究表明，亲本间遗传背景的相似性和差异性需达到动态平衡，才能既保证基因型的相容性又实现遗传物质的互补性。

分子标记技术的发展为亲本遗传背景的分析提供了科学工具。通过高密度基因组扫描，育种者能够快速识别亲本基因组中的关键区域及其功能效应。这些区域的基因型特性与目标性状的表现高度相关，为精准选配亲本提供了可靠依据。此外，基因组测序和转录组学技术的应用进一步揭示了基因间的作用，为优化亲本组合提供了深层次的遗传信息。

2．亲本选配的遗传相容性

遗传相容性是影响亲本组合成功率和后代遗传稳定性的关键因素。亲本的基因型需在遗传相容性的基础上实现基因互补，从而确保杂交后代的性状优化和遗传稳定性。研究发现，遗传相容性不仅受到基因序列相似度的影响，还与基因调控机制的协调性有关。

基因表达调控在亲本选配中的作用日益重要。通过基因表达谱和表观遗传调控分析，研究者能够评估不同亲本间的遗传相容性及其对杂交后代基因表达的影响。这种分子水平的评估方法为提高杂交后代的遗传表现力和稳定性提供了科学支撑。

现代生物信息学技术的应用使遗传相容性分析更加高效和精准。通过构建基因型相容性预测模型，育种者能够快速筛选出合适的亲本组合，从而提高杂交成功率和育种效率。这种数据驱动的决策方式为优化亲本选配提供了全新思路。

3．多性状协同改良的亲本选择

在现代小麦育种中，多性状协同改良已成为主要目标。亲本选配需同时考虑产量、品质、抗性及环境适应性等多个性状的优化，这对遗传设计提出了更高要求。研究表明，多性状的协同改良不仅涉及单个性状的优化，还需要平衡性状间的相互关系。

多性状选择指数的引入为亲本选配提供了理论支持。通过构建多性状遗传模型，研究者能够评估亲本基因型在多性状协同改良中的潜力。这些模型综合考虑了目标性状的遗传效应、相关性及环境响应，为制定科学的亲本选配策略提供了数据支撑。

基因网络分析进一步揭示了多性状协同改良的遗传基础。基因间的调控网络和协同作用是实现多性状平衡优化的关键。在亲本选配中，分析基因网络的拓扑结构和功能模块有助于识别对多性状具有广泛影响的关键基因。这种方法能够显著提升育种效率，同时降低性状优化过程中的遗传风险。

4．环境适应性与区域化选配

环境适应性是亲本选配时需重点考虑的因素之一。不同区域的气候、土壤和生态条件对杂交后代的遗传表现具有显著影响。结合MET和基因型与环境互作分析，育种者能够评估亲本组合在不同环境条件下的适应性和稳定性。

区域化育种策略为亲本选配提供了新的方向。研究表明，特定环境条件下的亲本选配需综合考虑目标区域的环境特点和生产需求。基于GS的区域化育种模式能够显著提升目标性状的适应性，同时提高育种的精准性和效率。

现代遥感技术和大数据分析为环境适应性评估提供了全新工具。通过整合多源数据，研究者能够构建环境因子对遗传表现的动态模型，从而制定更加科学的亲本选配策略。这种环境导向的育种方法在应对气候变化和资源短缺方面具有重要意义。

5．前沿技术在亲本选配中的应用

随着基因编辑技术的不断发展，亲本选配的优化潜力进一步提升。基因编辑工具通过直接修饰目标基因，为增强亲本的遗传潜力和相容性开辟了全新途径。此外，AI技术的引入为复杂数据的整合分析和决策优化提供了技术支持。通过构建基于AI的亲本选配系统，研究者能够快速制定最优育种方案，从而加速小麦育种的进程。

二、杂交育种技术的技术优化

杂交育种作为小麦育种的重要策略，其成功实施离不开技术的精确性与科学性。通过优化人工杂交技术、引入MAS以及提升杂种群体的筛选效率，杂交育种的效率和精准性得到了显著提高。同时，针对不同育种目标的改良技术路径探索也为育种实践指明了新的方向。在技术优化的推动下，杂交育种逐步实现了传统方法与现代技术的有机结合。

（一）人工杂交技术的精确性

人工杂交技术是杂交育种的基础环节，其精确程度直接影响杂交成功率和后代的性状表现。人工授粉过程中的关键步骤包括花粉采集、花药处理以及授粉技术的规范化操作。对这些环节的科学管理能够有效避免非目标授粉，提高杂交后代的遗传纯度。

现代显微技术的发展为人工杂交过程中的精确操作提供了有力支持。通过显微镜观察和微操作技术，研究者能够精准识别目标花粉，使授粉过程准确无误。此外，自动化授粉设备的引入显著提升了杂交效率和重复性，为大规模杂交育种提供了技术支撑。

在人工杂交技术的优化过程中，环境条件的控制同样至关重要。温湿度、光照强度以及营养供给等外界因素对花粉活性和受精过程具有显著影响。通过构建智能化的授粉环境监控系统，研究者能够动态调节杂交条件，从而最大限度地提高杂交成功率和后代质量。

（二）分子标记辅助的亲本选择

MAS技术是杂交育种技术优化的核心。通过标记与目标性状相关的基因位点，分子标记技术能够显著提高亲本选择的精准性和效率。基于DNA水平的分子标记不仅能够提供基因型信息，还能识别隐性基因的携带情况，从而为复杂性状的改良提供数据支持。

分子标记的类型包括SSR、SNP和InDel标记等。这些标记在亲本选择中的应用能够快速定位与目标性状相关的关键基因区域。通过HTS和GWAS，研究者能够系统构建分子标记与性状关联的数据库，从而实现大规模、精确化的亲本筛选。

分子标记技术的进一步优化需与表型数据相结合。通过整合分子标记与表型组学数据，育种者能够全面分析性状的遗传控制机制和基因型—表型关系，从而制定更科学的亲本选择策略。此外，MAS技术还为加速育种周期和降低育种成本提供了全新解决方案。

（三）杂种群体的高效筛选

杂种群体的筛选是杂交育种过程中决定性状表现的关键环节。通过科学的筛选方法和高效的筛选技术，育种者能够快速识别具有目标性状的杂交后代，并加速其遗传改良的过程。在杂种群体筛选中，表型选择和基因型选择的结合是提高筛选效率的关键。

高通量表型组学技术的应用为杂种群体的表型选择提供了重要支持。通过自动化表型测定平台，研究者能够快速收集目标性状的多维度数据，并结合遗传分析进行精确筛选。表型组学技术不仅提升了筛选效率，还减少了因主观判断引起的误差，从而提高了筛选结果的可靠性。

GS技术在杂种群体筛选中的应用进一步增强了选择效率和精准性。GS通过分析全基因组范围内的遗传信息，能够在早代对杂交后代进行准确的性状预测。这种预测能力显著缩短了筛选周期，为多代选择提供了科学依据。此外，GS技术还能够识别与复杂性状相关的基因网络，为多性状的协同改良提供支持。

（四）改良育种目标的实现途径

杂交育种的技术优化应以实现具体育种目标为导向。在高产、优质和抗性等主要目标性状的改良过程中，不同技术路径的探索和应用为杂交育种实践确定了新的发展方向。结合现代技术手段，育种者能够更加科学地规划育种目标，并在多性状协同改良中实现技术突破。

在高产育种中，杂交技术的优化主要通过对关键性状的综合选择实现。通过GS和MAS技术，育种者能够快速定位与产量相关的主效基因及其调控机制，从而提升杂种后代的产量潜力。品质改良的育种目标则需注重对面筋强度、淀粉性质等关键性状的优化，这些性状的改良需结合代谢组学和转录组学技术进行深入研究。

抗性育种目标的实现依赖于杂交技术与功能基因组学的结合。通过解析抗病基因的功能特性和调控机制，研究者能够设计更具抗病能力的亲本组合，并通过精准的基因型筛选提高抗病性状的遗传效应。此外，抗逆性状的改良需综合考虑环境因子的动态影响，通过基因型与环境互作分析构建具有广泛适应性的杂交后代。

在未来发展中，杂交育种的技术优化需更加注重数据整合和信息化管理。通过构建智能化育种管理系统，育种者能够高效整合遗传数据、表型数据和环境数据，为制定育种策略提供全面支持。这种基于大数据分析的育种模式将在杂交育种技术优化中发挥更大的作用，加速育种目标的实现。

第三节　诱变育种技术的应用与发展

一、诱变技术的类型与特性

诱变技术作为小麦育种的重要工具，通过物理、化学和辐射等手段引发基因组的遗传变异，为目标性状的改良提供了丰富的遗传资源。基于不同诱变手段的特点及其遗传效果分析，现代诱变技术在遗传机制研究和品种改良方面展现出巨大的应用潜力。在多种诱变类型的协同优化下，诱变技术不断推进小麦育种效率和品质的全面提升。

（一）物理诱变技术的应用

物理诱变技术通过物理因子的能量作用，诱发基因组的突变，为遗传多样性的创造提供了基础支持。常用的物理诱变手段包括辐射诱变和非电离性物理处理技术，其在现代育种中的广泛应用源于其高效的突变诱发能力和相对的稳定性。

辐射诱变是物理诱变的核心技术，通过射线直接作用于DNA分子引发单链或双链断裂，从而产生点突变、染色体重排以及结构性变异。不同辐射类型，如γ射线、中子束和离子束，因其能量、穿透深度和作用范围的差异，对基因组的突变效果也显著不同。γ射线因其突变效率高、损伤可控而被广泛应用于诱变育种中，而离子束因其精确的能量传递和特异性被视为下一代诱变技术的核心。

非电离性物理诱变技术，如超声波处理和热冲击，通过改变细胞内微环境引发基因组的不稳定性，诱导突变。这些方法的优点在于不涉及辐射暴露，同时具有操作便捷和环境安全性高的特点。研究发现，这些方法对特定基因功能的表达调控具有独特的效果，进一步拓宽了物理诱变技术的应用范围。

物理诱变技术在实践中的优化需要从剂量控制、处理时间和材料选择等方面入手。剂量的合理设定是确保突变效果与生物体活力平衡的关键，过高的剂量可能导致不必要的生物损伤，而过低的剂量则难以产生显著的突变效应。结合现代分子技术和遗传分析工具，研究者能够更科学地评估物理诱变的效果，为实现精准诱变提供数据支持。

（二）化学诱变剂的选择

化学诱变剂通过改变DNA的化学结构引发遗传突变，是现代诱变技术的重要组成部分。不同类型的化学诱变剂在作用机制和突变效率上存在显著差异，其选择直接影响诱变效果和目标性状的改良效率。

碱基类似物通过与DNA合成过程中的碱基竞争嵌入引发突变，是化学诱变剂中应用较广的一类。烷基化剂通过化学修饰作用于DNA的碱基或磷酸骨架，改变其物理化学性质，从而影响复制精度，导致碱基替换或移码突变。这些机制的研究为精准设计化学诱变剂提供了理论依据，进一步提升了诱变效率。

化学诱变剂的选择需要结合目标性状的遗传背景和突变特性进行综合评估。研究表明，不同诱变剂的使用效果与材料的基因组背景密切相关，基因组学和表型组学数据的结合，能够为诱变剂的选择提供科学指导。同时，诱变剂的浓度和处理时间对突变效率和安全性影响显著，其优化需以试验数据为依据，确保诱变过程的有效性和可控性。

化学诱变技术的环境安全性和生物兼容性是优化过程中的重要考量。部分化学诱变剂因高毒性和环境污染问题限制了其广泛应用。开发环境友好型诱变剂，结合现代生物技术手段提高化学诱变的专一性和效率，是未来研究的重要方向。

（三）诱变技术的遗传效果分析

诱变技术的遗传效果分析是评估其应用价值和指导突变种质利用的重要环节。突变类型的确定、分布规律的揭示以及对表型的遗传影响研究，构成了遗传效果分析的核心内容。

现代基因组学技术为突变的检测和分析提供了强有力的工具。HTS技术能够精准定位突变位点，分析其对基因功能和调控网络的影响。结合转录组和代谢组学分析，研究者可以全面评估突变对基因表达和代谢调控的动态作用。这些技术的应用大幅提高了诱变效果评估的深度和广度，为优化诱变技术提供了理论支持。

突变的遗传效果不仅取决于诱变类型和剂量，还受到环境因子的显著影响。基因型与环境互作分析是揭示突变种质适应性和稳定性的关键手段。通过MET，研究者能够评估突变对目标性状的改良效应，以及在不同条件下的遗传表现稳定性。这种综合分析方法为诱变技术在区域化育种过程中的应用提供了实践指导。

在实际应用中，诱变技术的遗传效果分析需与突变种质的筛选利用相结合。建立突变种质库，结合高通量筛选技术，能够系统发掘突变的潜在价值，为目标性状的改良提供更多选择。这种系统化和精准化的分析方法为诱变技术的发展提供了新的方向。

（四）辐射诱变对基因组的影响

辐射诱变技术通过高能射线作用于DNA，引发基因组结构和功能的改变，是遗传变异创造的重要手段。辐射诱变对基因组的影响主要体现在结构性突变和表观遗传调控两个层面。

在结构性突变方面，辐射诱变能够引发染色体易位、缺失、重复及倒位。这些突变显著影响基因表达和调控网络的完整性。现代染色体组学研究揭示了辐射诱变在染色体重排中的作用机制，为优化辐射剂量和提高诱变效率提供了数据支持。此外，基于结构性突变的遗传效果分析能够为特定性状的改良提供新的突变资源。

表观遗传调控是辐射诱变对基因组影响的另一重要方面。研究表明，辐射诱变通过改变DNA甲基化模式和组蛋白修饰状态影响基因的转录活性。这种调控效应对于性状遗传稳定性和环境适应性具有重要作用。结合表观遗传学分析技术，研究者能够深入探索辐射诱变对基因功能调控的多维影响，为突变种质的筛选和应用提供科学依据。

辐射诱变技术的进一步优化需注重剂量和环境的协同控制。通过构建辐射诱变的剂量响应曲线，研究者能够精确评估不同剂量对基因组的影响，从而制定更科学的诱变策略。同时，结合分子标记技术和GS方法，能够在分子水平上提高辐射诱变的精确性和效率，为小麦育种提供强有力的技术支撑。

二、小麦诱变育种的研究进展

小麦诱变育种作为创造遗传变异和改良目标性状的重要途径，在现代农业中发挥了不可替代的作用。基于目标性状的精准诱变、在抗病育种中的应用、突变种质的高效筛选与利用，以及品质改良技术的推进，诱变育种技术取得了显著的进展。在不断结合前沿技术的过程中，诱变育种进一步强化了其理论与实践的统一，为小麦品种的多样化和优质化提供了坚实支撑。

（一）基于目标性状的诱变改良

对目标性状的精准改良是小麦诱变育种的核心研究方向，其实现依赖于对目标基因的深入解析以及对遗传调控的有效调节。现代研究借助诱变技术引发基因组变异，为目标性状提供丰富的遗传资源，并结合基因功能研究推动性状改良。

在诱变改良过程中，目标基因的定位与功能解析是关键环节。通过GWAS和功能基因组学，研究者能够准确定位控制目标性状的基因区域，并深入研究其在调控网络中的作用。结合HTS技术，基因突变的类型和分布得以全面揭示，为优化诱变技术提供了精准依据。

在实践中，目标性状的改良需同时关注突变的方向性和多样性。通过定向诱变技术，研究者能够在特定基因区域引发所需突变，从而实现对目标性状的精确优化。同时，随机诱变技术则为不确定性强的复杂性状提供了更多变异资源，二者的结合显著增强了诱变改良的灵活性和适应性。

基因型与环境互作的动态分析为目标性状改良提供了重要支持。在MET的基础上，研究者能够评估突变体在不同条件下的表现稳定性，从而筛选出具有广泛适应性和稳定性的优良种质。结合表型组学和代谢组学数据，目标性状的改良效率进一步提升，为区域化育种提供了坚实保障。

（二）诱变技术在抗病育种中的应用

抗病性状的改良是小麦育种的关键目标之一，而诱变技术通过增强遗传多样性和发掘抗病基因，为抗病育种提供了新的路径。研究表明，抗病基因的多样性是实现持久抗性的基础，而诱变技术的应用极大地丰富了抗病基因库。

在抗病育种中，诱变技术能够创造性状特异性的突变，从而揭示抗病机制和基因调控网络。通过功能基因组学研究，研究者可以解析抗病基因的作用模式和表达特性，并结合诱变技术优化其遗传效应。HTS和基因表达分析进一步推动了抗病基因的鉴定与应用。

MAS在诱变抗病育种中的应用显著提升了效率。通过标记抗病基因位点，研究者能够快速筛选抗病突变体并将其整合至育种体系中。GS技术的结合进一步增强了抗病育种的精准性和高效性，为复杂病害的综合防控提供了理论依据。

抗病育种的成功还需注重基因型与环境互作的研究。通过模拟不同病原菌环境和分析突变体的响应机制，研究者能够筛选出环境适应性强的抗病种质。这种基于诱变技术的抗病育种策略显著提高了小麦对病害的综合抗性，为农业生产的稳定性提供了保障。

（三）突变种质的筛选与利用

突变种质作为小麦遗传改良的重要资源，是诱变育种实践的核心环节。通过构建突变种质库和优化筛选技术，研究者能够发掘更多潜在的优良种质，为目标性状改良提供丰富的选择。

突变种质的筛选需要结合多层次的遗传和表型数据分析。高通量表型组学技术能够快速识别目标性状的表型差异，并结合MAS定位与目标性状相关的突变位点。这种技术的应用显著提升了突变种质筛选的效率，为遗传资源的高效利用奠定了基础。

突变种质的利用需综合考虑目标性状的遗传稳定性和适应性。通过MET和基因型—表型关联分析，研究者能够筛选出表现稳定且适应性强的优良种质。结合GS技术，突变种质的遗传潜力可以得到进一步挖掘，为多性状的协同改良提供可能。

现代信息技术的引入为突变种质的管理和利用带来了新思路。通过构建突变种质数据库和智能分析平台，研究者能够实现种质信息的高效整合和动态评估。这种数据驱动的管理模式极大地提高了突变种质的利用效率，为小麦育种的精准化和现代化发展提供了技术支持。

（四）诱变技术在品质改良中的作用

品质性状的改良是小麦育种的重要方向，诱变技术通过调控关键基因及其表达网络，为品质性状的优化提供了新途径。在蛋白质含量、面筋强度和淀粉结构等方面的改良中，诱变技术展现了显著优势。

研究表明，品质性状的遗传控制涉及多基因调控网络和表观遗传调控机制。诱变技术通过改变基因组结构和基因调控方式，显著影响品质相关性状的表现。结合代谢组学和转录组学技术，研究者能够揭示品质性状的遗传机制，并利用诱变技术优化这些机制。

品质性状改良的诱变策略需结合市场需求和农业生产条件进行设计。研究者通过MET评估突变体在不同条件下的品质表现，并筛选出既符合市场需求又具备生产稳定性的优良种质。借助GS技术，品质性状的优化效率得以显著提升。

现代信息化技术为品质性状的评估和优化提供了强有力的支持。通过构建品质改良的动态模型和智能分析平台，研究者能够实现品质性状的实时评估并调整优化方向。这种基于大数据和精准育种技术的改良策略，为小麦品质育种注入了新动力。

三、诱变技术与其他育种手段的结合

诱变技术以其高效性和广泛的适应性，为小麦育种的遗传改良提供了重要手段。然而，单一技术的局限性促使研究者探索诱变技术与其他育种手段的结合，以实现优势互补。通过与分子标记辅助技术、遗传工程以及杂交育种的深度融合，诱变技术在现代育种中的应用范围得以拓展，为目标性状的精准改良提供了新思路。

（一）诱变与分子标记辅助的结合

分子标记辅助技术作为现代育种的重要工具，通过对目标基因的精准定位和快速筛选，提高了诱变育种的效率。将分子标记技术与诱变技术结合，不仅能够优化突变体的筛选过程，还为复杂性状的改良提供了科学支持。

分子标记技术的核心在于识别目标性状的关键基因位点。通过GWAS和功能基因组学研究，研究者能够构建与目标性状相关的分子标记图谱。在此基础上，诱变技术通过引发基因突变和调控效应，为MAS提供了丰富的遗传资源。

在结合过程中，分子标记技术对诱变种质的遗传效应评估起到关键作用。通过HTS和基因型—表型关联分析，研究者能够快速筛选出符合目标性状的优良突变体，并借助分子标记追踪其遗传效应的稳定性。这种结合策略显著提升了诱变技术的实用性和精准性。

诱变与分子标记的结合还促进了复杂性状的协同改良。通过多性状选择指数，研究者能够同时优化产量、品质和抗性等关键性状。这一过程依赖于分子标记对遗传关联的精准识别，以及诱变技术对遗传多样性的增强，为实现多目标育种提供了技术支撑。

（二）诱变技术与遗传工程的互补

遗传工程技术通过直接修饰基因组，为目标性状的改良提供了精准的手段。然而，其对遗传多样性的贡献相对有限。而诱变技术与遗传工程的结合，能够充分发挥二者的优势，实现遗传多样性与精准性的有机统一。

诱变技术在增强基因组遗传多样性方面具有不可替代的作用。通过随机或定向诱变，研究者能够获得丰富的突变资源，为遗传工程提供多样化的选择。在此基础上，遗传工程技术通过基因编辑和基因插入，进一步优化目标性状的遗传表达。

在实际应用中，诱变技术能够为遗传工程的基因功能研究提供重要支持。通过对突变体的表型分析，研究者能够揭示基因的功能及其调控机制，从而为基因编辑提供理论依据。此外，基因编辑技术的高精准性也为优化诱变技术的应用提供了可能，通过修饰诱变基因的调控区域，可显著提升其对目标性状的改良效率。

二者的结合还在应对复杂环境适应性问题上展现了显著优势。通过诱变技术的多样化遗传资源和遗传工程的精准调控，研究者能够构建同时具有广泛适应性和高效表现的优良种质。这种结合策略为现代小麦育种开辟了全新路径。

（三）诱变种质在杂交育种中的应用

诱变种质作为遗传多样性的重要来源，为杂交育种提供了丰富的遗传资源。在杂交育种体系中，引入优质突变种质，能够显著提升目标性状的表现力，并增强杂交后代的遗传潜力。

诱变种质在杂交亲本选配中的应用，是其与杂交育种结合的重要途径。通过分子标记技术和GS，研究者能够快速筛选出符合杂交目标的优良突变体，并将其用于亲本选配。结合突变种质的遗传优势，杂交后代的目标性状得以显著优化。

在多性状协同改良中，诱变种质的引入对杂交后代的遗传均衡性具有重要作用。利用诱变技术的遗传多样性增强效应，研究者能够有效降低杂交后代中目标性状的负相关性，为多性状的平衡改良提供支持。此外，诱变种质的多样性还能够显著提升杂交群体对环境变化的适应性。

现代信息化技术的引入，为诱变种质在杂交育种中的应用提供了新手段。通过构建突变种质与杂交群体的动态数据库，研究者能够高效整合遗传数据和表型数据，为科学制定杂交育种策略提供理论支持。这种数据驱动的管理方式为诱变种质与杂交育种的结合搭建了新的技术平台，进一步提升了其应用价值。

结合分子标记、遗传工程和杂交育种等现代技术，诱变技术在小麦遗传改良中的应用潜力得到了充分挖掘。这种多技术融合的育种体系，将继续推动现代农业向高效、精准和可持续方向发展。

第四节 分子标记辅助育种的兴起

一、分子标记技术的种类与特点

分子标记技术通过在基因组水平上识别遗传多样性，为小麦育种提供了高效工具。限制性片段长度多态性（RFLP）、AFLP、SSR和SNP标记等技术的应用，极大地提高了遗传分析的精确性和效率。随着新型分子标记技术的发展，分子标记育种逐步向高通量、多维化方向推进，为复杂性状改良和育种效率提升奠定了坚实基础。

（一）RFLP、AFLP及其应用

RFLP标记是分子标记技术的起源之一，通过限制性内切酶识别基因组中特定的序列位点，产生片段长度多样性的多态性信号。RFLP标记以其高重复性和稳定性的特点，广泛用于遗传连锁图谱构建和基因定位研究。其在早期分子育种

中的应用，为现代分子标记技术的发展奠定了基础。

AFLP标记的出现解决了RFLP标记中操作复杂、检测成本高的问题。AFLP技术通过随机扩增和选择性引物设计，能够识别基因组中大范围的多态性位点，在遗传多样性分析、亲缘关系评估以及目标性状定位中具有广泛应用。然而，AFLP技术的分析流程复杂，对数据解读能力要求较高。

现代高通量技术的引入为RFLP和AFLP标记的应用提供了新的动力。结合HTS平台和生物信息技术，传统标记技术的检测效率和数据分析能力得到了显著提升。通过整合多源遗传信息，研究者能够在大规模育种项目中实现更精准的遗传改良，为复杂性状的解析和目标基因的精准定位提供有力支持。

（二）SSR标记的精准性与普适性

SSR标记因其具有高重复性、分布广泛和检测成本低等特点成为广泛应用的分子标记技术。SSR标记借助短串联重复序列的变异，在遗传分析中呈现出高度的多态性，成为种质资源鉴定、基因定位以及遗传多样性研究的重要工具。

SSR标记的精准性主要体现在对微小遗传变异的识别以及对高分辨率的连锁关系解析上。其能够有效反映目标性状的遗传基础，为复杂性状的基因定位和连锁图谱的构建提供科学依据。此外，SSR标记的多通用性使其在多种作物的遗传分析中均能得到广泛应用，成为跨物种育种研究的重要工具。

在现代育种中，SSR标记的开发与应用得益于高通量技术的发展。通过建立大规模SSR引物库，研究者能够快速设计针对特定基因组区域的标记体系，提高标记选择效率和育种过程的精准性。结合转录组和表型组数据，SSR标记的功能性进一步拓展，为目标性状的深入解析提供了更丰富的遗传信息。

（三）SNP标记的高通量特性

SNP标记是基于基因组中单个碱基变异的分子标记技术，其因分布广泛、检测精度高和高通量的特性成为现代分子育种的重要工具。SNP标记的高密度特性能够覆盖基因组的大部分区域，为遗传多样性分析、GS和目标性状定位提供了精确的数据支持。

SNP标记技术的优势在于其检测效率和适用范围。研究表明，SNP标记能够以较低的成本快速生成大规模数据，用于构建高分辨率的遗传连锁图谱和GWAS模型。这一特性使得SNP标记在复杂性状的遗传解析中具有不可替代的作用，显著提升了目标性状的预测效率。

随着HTS技术的普及，SNP标记的开发与应用进一步加快。研究者能够通过多源数据整合，构建更高分辨率的SNP图谱，为精准育种提供全面的遗传信息。结合机器学习和大数据分析，SNP标记的功能性和适用性得到极大拓展，为多目标育种和复杂性状的综合改良提供了强有力的支持。

（四）新型分子标记技术的发展

随着基因组学和信息技术的不断进步，新型分子标记技术凭借更高的精准性和灵活性推动了分子标记育种的现代化发展。数字化分子标记、基因编辑辅助标记和单细胞水平标记的兴起，为复杂性状的解析和精准育种开辟了全新途径。

数字化分子标记技术通过标记信息的编码化和数据化处理，实现了标记信息的高效管理和分析。研究者能够基于数字化标记进行更精细的遗传解析和大规模数据整合，为目标性状的多维度改良提供技术支持。结合AI和高性能计算，这些技术显著增强了标记数据的预测和决策能力。

基因编辑辅助标记技术通过对基因组目标位点的精准修饰，为遗传机制研究和性状改良提供了新工具。利用CRISPR/Cas等基因编辑系统，研究者能够生成功能性分子标记，用于验证基因功能并优化育种策略。这一技术结合高通量检测平台，显著提升了多性状协同改良的效率和精度。

单细胞水平的分子标记技术为性状遗传机制的解析提供了细胞层面的信息。这些技术能够揭示基因表达和表观遗传调控的细胞异质性，为复杂性状的调控网络研究提供了全新视角。结合传统分子标记和新型高通量平台，现代育种的效率和精准性得以全面提升，进一步推动小麦分子标记辅助育种的发展。

二、分子标记辅助育种的应用实例

分子标记辅助育种以其高效性和精准性，在小麦遗传改良中展现出巨大的应用潜力。从重要性状基因的定位与克隆，到抗逆基因的标记筛选，再到品质育种和GS技术的实践，分子标记辅助育种技术已成为现代小麦育种的核心工具。结合现代基因组学与育种理论，这些应用实例不仅有助于深度解析目标性状，还加速了小麦品种改良的进程。

（一）重要性状基因定位与克隆

重要性状基因的定位与克隆是分子标记辅助育种的核心环节，其目标在于精准解析目标性状的遗传基础并将其应用到实际育种中。借助高密度遗传连锁图谱和GWAS，研究者能够精确定位与目标性状相关的关键基因，并对其功能进行深入研究。

基因定位技术的迅猛发展显著提升了重要性状基因解析的效率。通过构建高分辨率遗传连锁图谱，研究者能够识别基因组中控制目标性状的关键区域。这些连锁图谱以HTS技术为基础，通过整合多种分子标记的遗传信息，实现对复杂性状的精确定位。结合GWAS技术，研究者能够挖掘自然种群中的重要性状基因，为目标性状的遗传改良提供丰富的遗传资源。

基因克隆技术进一步推动了重要性状的功能解析和实际应用。基因组步移、染色体结构分析和功能验证是基因克隆的主要步骤。这些技术的有机结合，不仅能够确定目标基因的精确位置，还能通过分析其表达模式和调控机制，揭示其在目标性状中的作用。此外，功能基因组学的发展使目标性状基因的作用机制能够从基因网络和调控路径的角度进行系统性研究，为优化育种策略提供理论支撑。

重要性状基因定位与克隆技术的应用范围涵盖了从基础研究到育种实践的多个领域。通过MAS，研究者能够直接利用目标基因进行育种设计，实现遗传资源与品种改良的无缝衔接。这一过程需要结合环境因子对基因表达的影响，以确保目标基因在不同生态条件下的稳定性和适应性。MET和基因型与环境互作分析的引入，为目标性状基因的区域化育种提供了科学依据。

现代信息技术为基因定位与克隆技术的高效实施提供了支持。通过构建基于AI的基因定位预测模型，研究者能够快速分析目标性状的遗传特性并优化育种方案。这种结合基因组数据、表型信息和多环境因子的综合研究方法，为小麦重要性状的精准育种奠定了基础。

（二）抗逆基因的标记筛选

抗逆基因的标记筛选是应对小麦生产中环境压力的重要策略，其目标在于发掘并利用基因组中与抗逆性状相关的关键位点。通过分子标记技术，研究者能够在大规模种质资源中快速筛选出具有抗逆潜力的种质，为抗逆性状的遗传改良提供科学支撑。

抗逆基因的筛选依赖于对目标性状遗传基础的全面解析。抗逆性状通常受多基因调控网络影响，这些基因的协同作用决定了小麦对环境胁迫的响应能力。通过基因型—表型关联分析，研究者能够识别与抗逆性状显著相关的基因位点，并结合分子标记技术开发高效的标记筛选工具。HTS技术的引入显著提高了抗逆基因筛选的效率，为复杂抗逆性状的解析提供了技术支撑。

标记筛选的成功实施需要结合MET评估抗逆基因的稳定性和适应性。不同环境因子对基因表达的影响可能导致抗逆性状的表现差异。通过多环境数据的综合分析，研究者能够筛选出具有广泛适应性和高遗传稳定性的抗逆基因。这种方法不仅增强了标记筛选的实用性，还为抗逆育种的区域化发展提供了科学支持。

在实践中，抗逆基因的标记筛选需注重与MAS的结合。通过开发与抗逆性状相关的功能标记，研究者能够快速锁定目标基因，并将其应用到杂交育种中。这种结合策略显著提高了抗逆种质的改良效率，为多性状协同优化提供了可能。

GS技术的引入为抗逆基因的标记筛选开辟了新的方向。通过构建基于全基因组数据的关联模型，研究者能够实现对抗逆性状的精准预测，并优化标记筛选策略。这种数据驱动的抗逆基因筛选方法，结合现代育种技术，为小麦的抗逆性状改良提供了高效、精准的解决方案。

（三）分子标记在品质育种中的应用

分子标记技术在品质育种中的应用有力推动了小麦品质性状的精准改良。蛋白质含量、面筋强度和淀粉特性等关键品质性状的优化，依赖于分子标记技术对目标基因的精准识别和高效筛选。这一技术的应用使得品质改良从传统经验育种转向科学精准育种，为现代小麦育种注入了新的活力。

品质性状的遗传基础复杂且多样化，受多个基因的协同作用和环境因素的显著影响。分子标记技术通过对目标性状的基因定位与功能解析，实现了对复杂性状的深度分析。高密度遗传连锁图谱和GWAS的结合，使得品质相关基因的分辨率大幅提升，为揭示其遗传规律提供了数据支持。标记技术能够精准定位与品质性状相关的关键基因位点，从而为选择育种提供了直接的遗传依据。

分子标记在品质性状的协同改良中具有显著优势。通过MAS技术，研究者可以同时优化多性状的表现，减少性状间的负相关性。例如，在蛋白质含量与面筋强度的改良中，标记技术通过解析基因间的互作机制，制定更加科学的育种策略，从而提升品质性状的整体表现。

在品质育种实践中，分子标记技术还需要与表型组学和代谢组学相结合。

通过分析目标性状的代谢路径和表型表现，研究者能够更加全面地评估分子标记的功能特性，为复杂品质性状的改良提供更加全面的数据支持。此外，在品质育种中标记的稳定性和适应性评估，确保其在不同环境条件下均能发挥稳定遗传效应，进而提高品种的推广潜力。

现代信息技术的引入为品质性状的分子标记改良提供了新的可能。基于机器学习和大数据分析的智能筛选系统能够对标记和目标性状的关联关系进行动态分析，提升品质育种的效率和精准性。这种数据驱动的育种方法，为复杂品质性状的优化奠定了技术基础。

（四）GS对育种效率的提升

GS技术通过整合全基因组范围内的遗传信息，为小麦复杂性状的遗传改良提供了全新解决方案。其核心是利用分子标记和统计模型对目标性状进行高效预测，从而优化育种策略，显著提升育种效率和遗传增益。

GS的优势在于其对多性状协同改良的适用性。复杂性状通常受到多基因控制，且基因间的互作和环境影响显著增加了遗传解析的难度。GS技术通过构建GWAS模型，整合分子标记数据和表型信息，实现对复杂性状的精准预测。研究表明，这种方法能够显著提高遗传增益并缩短育种周期，为多目标育种提供了理论支持。

在育种实践中，GS的效率与分子标记的密度和质量密切相关。高密度标记图谱的构建和HTS技术的应用，为GS提供了强有力的支持。通过优化标记筛选和遗传模型，研究者能够显著提高目标性状的预测准确性，从而加速优良种质的选育进程。

GS的成功应用还依赖于MET和动态预测模型的构建。通过分析基因型与环境的互作效应，研究者能够评估目标性状在不同生态条件下的稳定性，从而制定区域化育种策略。这种基于基因—环境关联的选择方法，不仅提高了GS的实用性，还增强了目标性状在多样化环境中的适应性。

现代AI技术的引入进一步增强了GS的预测能力。机器学习算法通过挖掘分子标记与目标性状的深层关联，显著提升了模型的预测效率。此外，大数据平台和智能分析工具的应用，为GS提供了高效的决策支持，使育种者能够在更短时间内完成复杂性状的综合改良。

GS技术的发展不仅提升了小麦育种效率，还拓展了其应用范围。结合MAS和基因编辑技术，GS的潜力在现代育种技术中得以充分发挥。这种多技术融合的育种模式，为如何提升小麦遗传改良的科学性和高效性指明了方向，推动了现代农业向精准化和可持续化迈进。

第五节　表型选择与遗传评估的结合

一、表型选择的科学基础

表型选择是小麦育种的核心策略，其科学基础在于对性状遗传控制的深入解析、操作规范的科学性保障以及对表型与环境互作影响的系统研究。结合现代遗传学和育种理论，表型选择逐步向精准化和高效化发展，为小麦性状改良提供了强有力的技术支撑。

（一）表型性状的遗传控制

表型性状的遗传控制是表型选择的理论基础。遗传学研究表明，表型性状是基因型、环境和基因型与环境互作共同作用的结果。单基因性状的遗传规律相对简单，其选择效率较高，而数量性状的遗传控制涉及多个基因的加性效应、显性效应和上位效应，这些复杂的遗传机制加大了表型选择的难度。

现代遗传学技术的快速发展为解析表型性状的遗传基础提供了工具支持。通过GWAS和多组学数据整合，研究者能够识别出影响目标表型的关键基因区域及其调控机制。这些研究成果为表型选择的科学性提供了理论依据，同时也为复杂性状的选择优化开辟了方向。

表型性状的遗传控制还需结合分子标记和基因组数据的动态分析。分子标记技术能够辅助表型选择实现更高的精准性，而基因组数据的全面分析则为复杂性状的遗传控制机制提供了系统性理解。通过多维度的数据融合，表型性状的遗传解析和改良效率得以显著提升。

（二）表型选择的操作规范

表型选择的科学实施依赖于严格的操作规范。这些规范涵盖了从表型数据的采集、记录到分析的全过程，旨在确保选择结果的准确性和可重复性。

高质量表型数据的获取是表型选择的核心。表型数据采集需借助高通量表型平台，以提高数据的准确性和效率。现代传感技术和图像分析工具为表型数据的非破坏性采集提供了可能，尤其是在数量性状的连续监测中，能够显著提高选择效率和精度。

表型选择的操作规范还包括对试验设计的优化。试验设计的科学性直接影响表型数据的可靠性与适用性。通过合理的田间试验安排并采用随机化设计，研究者能够有效控制环境变量对表型的干扰，从而提高选择的科学性。

此外，数据记录和管理的规范性也是表型选择的重要组成部分。通过构建信息化管理系统，育种者能够高效整合和分析表型数据，为选择决策提供科学依据。这种数据驱动的选择模式进一步提升了表型选择的效率和精准性。

（三）表型与环境互作的影响

表型与环境互作是影响表型选择效率的重要因素。遗传学研究表明，环境因素对表型性状的表达具有显著作用，不同基因型在特定环境条件下的表现存在显著差异。理解表型与环境互作的机制，对优化表型选择策略具有重要意义。

MET是解析表型与环境互作的重要方法。通过在不同生态条件下对目标性状进行系统观察和记录，研究者能够揭示基因型与环境因子的互作效应，并评估目标性状的稳定性与适应性。这种方法为区域化育种提供了科学依据，同时也为筛选广适性品种奠定了基础。

表型与环境互作的研究还需结合分子层面的分析。通过基因型与环境关联研究，研究者能够识别与环境适应性相关的关键基因，并解析其对表型性状的调控作用。这些研究成果为提升表型选择的效率提供了分子机制支持。

现代信息技术的引入为表型与环境互作的动态分析提供了新工具。通过构建基因型与环境互作模型，研究者能够实现对表型数据的实时分析和动态预测。这种基于数据驱动的选择策略，不仅提高了表型选择的科学性，还增强了目标性状在多样环境中的适应性。

二、遗传评估的技术进展

在小麦育种中，遗传评估是优化选择策略和提升性状改良效率的关键环节。随着方法学的发展、高通量表型平台的引入以及遗传评估在实际育种中的指导应用，现代遗传评估技术已从传统的经验性分析向精准化和高效化迈进。这些技术进步不仅拓展了遗传评估的应用范围，也为复杂性状的改良提供了强有力的技术支持。

（一）遗传力估算的方法学发展

遗传力是遗传评估中的核心参数，用于量化遗传因素对表型变异的贡献，其精确估算直接影响育种策略的制定和效率。遗传力估算方法的持续发展，为复杂性状的解析和优化提供了更加科学的工具。

传统遗传力估算方法基于方差分解理论，将表型变异划分为遗传、环境和基因型与环境互作三部分。通过田间试验的分组设计和数据分析，研究者能够大致估算性状的遗传力。然而，这种方法对于数量性状和复杂性状的遗传力估算往往显得不足，尤其是在基因间互作和环境因子影响显著的情况下，传统方法难以揭示其深层次规律。

现代遗传力估算方法引入了混合线性模型（MLM），通过将遗传效应和环境效应建模为随机效应，显著提高了估算的精准性和灵活性。MLM方法允许引入大规模分子标记数据，实现对基因型与环境互作的动态解析。同时，多性状联合分析方法的应用，使研究者能够同时评估多目标性状的遗传力，为协同优化育种提供了科学依据。

AI和机器学习技术的应用为遗传力估算开辟了新方向。基于人工神经网络和随机森林算法的模型能够处理高维、非线性和复杂互作的数据结构。这些算法在遗传力预测中的应用显著提升了对性状遗传潜力的解析能力，为动态优化育种策略提供了高效支持。

现代遗传力估算方法的发展还结合了多组学数据的整合。通过整合基因组、转录组和表型组数据，研究者能够从多维角度解析性状的遗传基础，为精确预测遗传力提供全面的支持。这种多组学整合方法极大地提升了复杂性状的遗传解析效率，为现代育种实践奠定了科学基础。

（二）高通量表型平台的应用

高通量表型平台的引入打破了传统表型数据采集的局限性，为遗传评估提供了更高效、更精确的数据支持。这些平台借助自动化和智能化技术，实现了表型数据采集和处理的革新，为遗传研究提供了强有力的技术保障。

高通量表型平台的核心在于其多维度数据采集能力。通过非破坏性传感器、图像处理系统和环境监测设备，研究者能够对目标性状的动态变化进行实时监测。这不仅显著提高了表型数据的质量和采集效率，还为遗传评估奠定了基础。此外，多维度数据的采集方式使得研究者能够全面分析目标性状在不同环境条件下的表现，进一步揭示基因型与环境互作的影响机制。

高通量表型平台在育种实践中的应用，促进了遗传评估的精准化。结合高质量表型数据与分子标记和基因组数据，研究者能够构建性状遗传模型，并深入解析复杂性状的遗传调控机制。这种基于表型和基因型数据融合的遗传评估方法，不仅提高了评估效率，还为复杂性状的优化提供了科学依据。

智能化技术的引入进一步增强了高通量表型平台的性能。基于AI的图像识别和数据分析算法能够从大规模表型数据中提取关键特征，并预测目标性状的表现趋势。这种技术的应用大幅缩短了遗传评估的周期，为智能化育种奠定了技术基础。

高通量表型平台的未来发展方向在于与多组学数据的深度整合。结合表型组数据与基因组、转录组和代谢组数据，研究者能够从多维角度解析性状的遗传基础，并优化育种策略。这种基于多组学整合的表型数据分析方法，将进一步推动遗传评估的精准化和高效化，为现代农业发展提供新的解决方案。

（三）遗传评估在性状改良中的指导作用

遗传评估作为育种决策的重要工具，在性状改良中的指导作用主要体现在对目标性状遗传潜力的精准预测和对遗传稳定性的全面评估上。通过整合现代遗传学技术和数据分析方法，遗传评估在优化选择策略和提高育种效率方面发挥了关键作用。

遗传评估对数量性状的改良具有显著作用。数量性状受多基因控制，且环境因子的影响较为显著。通过构建基于GWAS的遗传模型，研究者能够量化遗传因素对表型表现的作用，并揭示基因间互作对性状改良的潜在影响。这些研究成果为优化数量性状的选择策略提供了科学依据。

在复杂性状的协同改良中，遗传评估能够精准定位目标性状的关键基因及其调控网络。多性状联合分析模型的应用，使研究者能够评估目标性状的相互关系，并制定多目标选择策略。这种协同优化方法显著提高了复杂性状改良的效率，为育种实践提供了理论支持。

遗传评估的指导作用还体现在对环境适应性的预测上。通过基因型与环境互作分析，研究者能够揭示不同基因型在多样环境条件下的适应能力，并评估环境因子对目标性状的影响。这种分析方法为区域化育种提供了科学参考，同时也为筛选广适性种质奠定了基础。

现代信息技术进一步增强了遗传评估的指导作用。通过构建动态预测模型，研究者能够实时分析目标性状的表现趋势，并优化育种方案。这种数据驱动的遗传评估方法，不仅提高了育种效率，还拓展了性状改良的应用范围，为现代小麦育种开辟了新的发展方向。

三、表型选择与遗传评估的结合策略

表型选择与遗传评估的结合策略是实现小麦复杂性状精准改良的核心路径。基于遗传数据的表型选择、多环境数据的系统分析、精准遗传评估的实践应用以及表型与基因组信息的联合分析，共同推动了育种效率的提升和性状优化的科学化。这些策略的逐步完善为现代小麦育种提供了更加高效和精准的解决方案。

（一）基于遗传数据的表型选择

基于遗传数据的表型选择是现代育种技术的重要发展方向，将分子遗传学与表型选择结合，实现了目标性状改良的高效化与精准化。结合遗传数据，研究者能够在育种早期准确筛选出具有优良遗传潜力的种质，为复杂性状的改良提供了强有力的支持。

1. 遗传数据在表型选择中的作用

遗传数据为表型选择提供了基础支撑。通过高密度分子标记图谱和GWAS，研究者能够识别影响目标性状的关键基因位点。这些遗传信息不仅揭示了性状遗传的本质，还为选择策略的优化提供了指引。结合遗传数据，表型选择能够突破传统育种中对表型表现的依赖，显著提升选择效率。

MAS技术是遗传数据应用于表型选择的典型案例。通过开发与目标性状相关的功能标记，研究者能够在育种早期快速筛选出优质种质，并优化目标性状的遗传效应。这种MAS方法，不仅缩短了育种周期，还显著降低了对环境因素的依赖，为目标性状的稳定改良提供了保障。

2.基因网络与多目标优化

复杂性状的改良需要深入解析基因网络及其调控机制。基因网络是基因间互作的系统性表现，其动态调控对性状形成具有关键作用。通过解析基因网络，研究者能够识别对目标性状影响最大的关键基因及其调控路径，为优化表型选择策略提供了科学依据。

多目标优化是复杂性状改良中的核心挑战。基于遗传数据的表型选择能够量化目标性状间的遗传关联，并通过多目标选择指数实现性状的协同优化。这种方法显著提高了复杂性状改良的效率，为多性状综合选择开辟了新方向。

3.数据分析与智能化选择

现代数据分析技术为基于遗传数据的表型选择提供了新的可能。借助机器学习算法和动态预测模型，研究者能够实时分析遗传数据与表型数据的关联特征，并优化选择策略。这种数据驱动的智能化选择方法，不仅提高了目标性状的改良效率，还显著增强了选择结果的稳定性和适应性。

数据整合和智能分析的结合，使遗传数据在表型选择中的应用更为广泛。结合大数据平台和信息化管理工具，研究者能够对表型数据和遗传数据进行高效整合与动态评估，为现代育种提供更加高效的技术支持。

（二）表型评价的多环境分析

多环境分析是揭示表型性状稳定性和适应性的关键方法。通过在不同生态条件下对目标性状进行系统评估，研究者能够量化环境因素对性状表现的影响，并优化选择策略。多环境分析不仅为区域化育种提供了科学依据，还为筛选广适性种质奠定了基础。

1.环境多样性对表型评价的影响

环境多样性是影响表型性状表现的重要因素。不同地区的气候、土壤和管理条件可能显著影响目标性状的遗传表达。通过在多样化环境中开展试验，研究者能够全面评估环境因子对性状表现的调控作用，并揭示基因型与环境互作的规律。

基因型与环境互作的动态解析是多环境分析的核心内容。通过构建基因型与环境模型，研究者能够量化环境因子对性状遗传潜力的作用，并识别具有广泛适应性的基因型。这种数据驱动的动态分析方法显著提升了表型评价的科学性，为区域化育种提供了理论支持。

2. MET 的设计与数据分析

MET的设计质量直接决定了表型评价数据的优劣与适用性。试验需充分考虑环境因子的多样性，并运用科学的随机化和重复设置方法，以减少环境变量对试验结果的干扰。在数据采集过程中，高通量表型平台的引入能够显著提升数据采集效率和分析精度，为MET提供了强有力的技术保障。

多环境数据分析需从系统性入手，全面评估目标性状在不同环境条件下的表现及其遗传基础。基于多元统计分析和机器学习算法，研究者能够揭示环境因子与目标性状间的关联特征，并优化育种方案。这种结合MET数据与智能分析技术的方法，为复杂性状的区域化改良开辟了新路径。

3. 环境适应性与广适性筛选

多环境分析的最终目标是筛选出在不同生态条件下表现稳定且具有高遗传潜力的优良种质。环境适应性研究是这一过程中的核心内容。通过评估基因型在多样环境条件下的表现，研究者能够量化目标性状的稳定性，并优化选择标准。

广适性筛选是多环境分析的重要实践方向。研究发现，部分基因型在多环境条件下表现出较高的遗传稳定性和适应性，这些基因型是广适性育种的理想选择对象。结合GS技术和MAS，研究者能够进一步提升广适性种质的筛选效率，为区域化育种提供了强有力的支持。

智能化技术的引入为多环境分析的未来发展带来新的可能。基于AI的动态分析平台能够实时预测目标性状在多环境条件下的表现，并优化选择策略。这种结合智能化分析和MET的数据驱动方法，为现代小麦育种搭建了新的技术平台。

（三）精准遗传评估对育种效率的提升

精准遗传评估能够高效解析目标性状的遗传潜力和稳定性，为现代育种提供了有力支持。其核心在于利用遗传信息和表型数据的整合来优化选择策略，能显著提升育种效率。精准遗传评估的发展依赖于高通量数据分析工具和现代统计模型，为小麦复杂性状的优化改良带来新的解决方案。

1. 遗传潜力的量化与预测

精准遗传评估的首要任务是对目标性状的遗传潜力进行量化与预测。通过构建GWAS模型，研究者能够识别影响目标性状的关键基因及其调控路径。这些信息的解析不仅揭示了性状遗传的内在规律，还为优化选择指明了方向。

遗传潜力预测依赖于遗传力估算和多性状联合分析的支持。高密度分子标记图谱的构建显著提高了遗传潜力预测的分辨率，而基于机器学习的动态预测模型则进一步增强了预测的效率和精准性。这些技术的结合使得遗传潜力的评估更具科学性和适用性，为育种实践提供了重要依据。

2. 育种效率的优化与提升

精准遗传评估通过多维度优化育种策略，显著提升了育种效率。遗传评估不仅能够量化遗传因素对目标性状的影响，还能有效排除环境干扰，提高选择结果的准确性。结合表型数据，遗传评估为目标性状的早期选择和复杂性状的多目标优化提供了技术支持。

在实践中，遗传评估的高效实施需要智能化管理系统和信息化平台的支持。通过整合基因组数据和表型组数据，育种者能够实时优化选择决策，并动态调整育种策略。这种数据驱动的方式显著提高了育种效率，为复杂性状的快速改良提供了保障。

3. 数据分析与智能化发展

精准遗传评估的发展方向在于与大数据技术和AI技术的深度融合。基于深度学习和神经网络的动态分析工具能够处理海量遗传数据和表型数据，从中提取关键特征，并优化育种策略。这种智能化分析方法不仅提升了遗传评估的效率，还增强了育种策略的适应性和灵活性。

遗传评估的智能化发展还需结合MET数据的动态分析。通过构建基因型与环境互作模型，研究者能够量化环境因素对遗传潜力的调控作用，并优化目标性状在多环境条件下的表现。这种结合遗传数据、表型数据和环境数据的综合评估方法，为精准育种提供了新的技术支持。

（四）表型与基因组信息的联合分析

表型与基因组信息的联合分析是现代育种技术的创新之一，通过整合表型数据和基因组数据，实现了复杂性状的高效解析与优化改良。这一策略依赖于多组学数据的深度融合，能够全面揭示目标性状的遗传机制，并优化育种方案。

1. 表型与基因组数据的整合策略

表型数据与基因组数据的整合是联合分析的基础。借助高通量表型平台和基因组测序技术，研究者能够同时获取高质量的表型数据和基因型数据，并将其用于遗传评估和选择策略的优化。这种整合显著提升了目标性状的选择效率和遗传增益。

在联合分析中，表型数据的质量直接影响基因组信息的解读效果。高精度表型数据的获取需要综合运用多维度表型测量和动态监测技术，通过非破坏性传感器和智能化图像分析平台，研究者能够全面捕捉目标性状的表现特征，为基因组信息的精准解析奠定基础。

2. 多组学数据的动态整合

联合分析的关键在于多组学数据的动态整合与解析。结合表型组数据与基因组、转录组和代谢组数据，研究者能够从多维度揭示性状的遗传调控机制。GWAS和转录组调控网络的结合，为复杂性状的遗传解析提供了全新的视角。

在复杂性状改良中，多组学数据的动态整合不仅能够解析基因间互作，还能够揭示环境因素对性状遗传表达的影响。这种基于多组学融合的遗传解析方法，为多目标性状的协同优化提供了科学支持，同时也增强了目标性状在不同环境条件下的适应性和稳定性。

第三章
分子育种技术在小麦中的应用

第一节　基因编辑技术的理论与方法

一、基因编辑技术的科学基础

基因编辑技术作为现代分子育种的核心手段，其科学基础涵盖了基因编辑的生物学原理、DNA双链断裂修复机制，以及编辑效率和特异性的关键因素。基因编辑技术通过精准调控基因组变异，为突破传统育种的局限性提供了变革性解决方案。结合最新理论和研究成果，深入探讨其科学基础有助于推动技术的进一步优化与应用。

（一）基因编辑的生物学原理

基因编辑技术的生物学原理以DNA靶向修饰为核心，利用人工设计的核酸酶或其他工具精准定位并切割特定的基因组序列。这一过程涉及特异性靶点识别、DNA断裂生成及修复，是基因编辑的关键步骤。研究表明，编辑效率与工具的特异性、细胞内修复机制的协同性密切相关。

核酸酶的核心在于通过蛋白质-DNA相互作用定位目标序列。高效的核酸酶需要具备稳定性和特异性，这一特性依赖于其蛋白结构与目标序列的亲和力。近年来，通过融合蛋白工程技术，研究者优化了核酸酶的序列识别能力，使得编辑技术实现了单碱基级别的精准调控。

基因编辑的成功实施离不开对基因组背景的深刻理解。研究表明，基因组的表观修饰状态、染色质的可及性和靶序列的重复性都会对编辑工具的有效性产生重要影响。因此，运用多组学技术对靶基因的功能和基因组背景进行综合分析，成为提高编辑效率的重要手段。

基因编辑不仅是一种技术手段，更是一种深入探讨基因功能的科学工具。通过对基因编辑原理的解析，研究者能够揭示基因调控的复杂机制，为后续的生物学研究和农业应用提供理论支撑。

（二）DNA双链断裂修复机制

DNA双链断裂修复机制是基因编辑技术的核心基础，其效率和精准性直接影响编辑结果。修复途径主要包括非同源末端连接（NHEJ）和同源重组修复（HDR），两者各具特点且适用范围不同。

NHEJ修复机制是细胞内最常见的修复方式，通过直接连接断裂的DNA末端快速修复双链断裂。尽管效率较高，但可能导致插入或缺失突变，适用于基因敲除实验。不过，这种机制的随机性对高保真性编辑提出了挑战。

HDR机制则依赖于同源序列作为模板进行精确修复，能够实现碱基替换或片段插入。HDR的高保真性使其成为复杂性状精准编辑的主要途径，但其效率受限于细胞周期阶段及模板供给。在实际应用中，如何提高HDR效率仍是研究热点。

近年来，研究者通过调控细胞内修复途径的选择和活性，显著提升了编辑效率。例如，调整细胞周期同步化和加入HDR促进因子，可以在特定条件下提高HDR的比例。这些优化策略为高效基因编辑提供了技术保障。

修复机制的进一步优化则依赖于分子动力学模拟和实验验证的结合。通过揭示修复因子的结构与功能关系，研究者能够设计出更高效的基因编辑工具，并推动其在农业中的广泛应用。

（三）编辑效率与特异性的关键因素

编辑效率和特异性是基因编辑技术性能的两大核心指标，其优化涉及靶点选择、核酸酶设计以及修复机制的动态调控。研究表明，靶点序列的可及性和核酸酶的活性是决定编辑效率的关键，而脱靶效应的控制则直接影响编辑的精准性。

靶点选择的科学性是优化编辑效率的第一步。基于HTS技术和GWAS，研究者能够识别与目标性状相关的高效靶点。靶点的表观修饰状态、染色体结构及序列复杂性对编辑工具的识别能力具有显著影响。

核酸酶的设计直接决定了编辑特异性和效率。借助蛋白工程和分子优化，现代核酸酶工具实现了多样化功能。例如，CRISPR/Cas系统通过优化Cas9蛋白和引导RNA的结合界面，显著降低了脱靶效应并提高了切割效率。

修复途径的调控对编辑结果具有重要影响。研究发现，加入修复促进因子或调整细胞周期条件，可以显著提高HDR效率。结合细胞生物学技术对修复过程的动态监控，研究者能够优化编辑条件，进一步提升效率和特异性。

现代基因编辑技术的发展方向是整合多学科技术，实现编辑效率与特异性的协同优化。这种多层次的改良策略不仅提高了基因编辑的实用性，还为复杂性状的遗传改良开辟了新途径。

（四）基因编辑与传统育种的比较

基因编辑技术与传统育种方法相比，具有显著的效率和精准性优势，同时在适用范围和技术潜力上也独具特色。两者在育种实践中的协同应用，为农业育种带来了巨大变革。

传统育种方法依赖于自然变异或诱变技术，通过多代选择积累优良性状。这种方式虽然操作简单，但周期较长且效率较低。基因编辑技术通过直接修饰目标基因组，大幅缩短了育种周期，并显著提高了改良效率。

基因编辑技术的精准性使其能够在分子水平上实现对目标性状的精细调控，而传统育种在复杂性状的协同改良中往往受到遗传漂变的限制。研究表明，基因编辑技术在精准控制目标基因表达和修复遗传缺陷方面展现出了巨大潜力。

两者的结合能够实现优势互补。例如，在传统育种筛选基础上引入基因编辑技术，可以对优良种质进行深度优化。传统方法提供了丰富的遗传背景，基因编辑作为高效工具，为目标性状的进一步改良提供技术支持。

未来，基因编辑技术与传统育种的融合应用将逐步深化，尤其是在解决复杂性状改良、抗逆性提升和生态适应性增强方面。这种多技术融合的模式将推动现代农业育种向高效化、精准化和可持续化方向发展。

二、基因编辑技术的主要工具

基因编辑技术的发展为遗传改良和功能基因组研究提供了多样化工具。从早期的锌指核酸酶（ZFNs）到转录激活因子样效应核酸酶（TALENs），再到近年来快速发展的CRISPR/Cas系统，每一种工具都展现了其独特的技术优势与应用潜力。通过工具间的整合和优化，基因编辑技术在小麦等作物的分子育种中发挥了重要作用。

（一）ZFNs 的应用特点

ZFNs是最早被广泛应用于基因编辑的工具，其设计原理基于锌指结构域的序列特异性识别能力和核酸酶结构域的DNA切割能力。锌指结构域由多个模块组成，每个模块可识别三个核苷酸，通过模块串联实现对复杂序列的高效识别。这一设计让ZFNs在早期基因编辑研究中发挥了重要作用。

ZFNs的核心优势在于其序列特异性和编辑精度。通过设计特定的锌指模块，研究者能够精准定位目标基因组中的特定序列，并借助核酸酶的切割功能实现高效的基因编辑。锌指模块的可编程性使其具有广泛的适用性，尤其在复杂基因组背景下，ZFNs展现了较强的编辑能力。

尽管ZFNs在序列特异性和编辑效率方面具有显著优势，但复杂的设计和构建过程限制了它的广泛应用。每个锌指模块的设计需经过多轮筛选与优化，这不仅增加了研发成本，也限制了ZFNs在高通量编辑需求中的适用性。此外，由于脱靶效应的存在，ZFNs在实际应用中需结合精准检测技术以确保编辑的可靠性。

利用高通量筛选平台和蛋白工程技术，ZFNs的设计复杂性已显著降低。研究者利用计算机辅助设计和智能算法优化锌指模块的序列识别能力，为提高编辑效率和特异性提供了技术支持。随着技术的不断进步，ZFNs在特定应用场景中的潜力得到发挥，为精准基因编辑提供了可靠的工具。

（二）TALENs

TALENs是基于效应蛋白–DNA结合机制开发的第二代基因编辑工具，其识别原理依托于重复序列模块的核苷酸特异性识别能力。TALENs结合DNA的特定位点，利用核酸酶切割目标序列两侧的双链，实现了高效基因编辑。

TALENs的显著特点在于其识别能力的高度灵活性和广泛适用性。每个TAL模块都能够独立识别单个核苷酸，研究者通过组合不同的模块可以设计出具有高特异性的TALENs。这种模块化设计不仅提高了编辑工具的适配性，还使其在多种生物系统中具有较强的适用性。

与ZFNs相比，TALENs在靶点设计灵活性和脱靶效应控制方面表现出显著优势。研究表明，TALENs在复杂基因组背景下的编辑效率高于ZFNs，同时脱靶风险相对较低。然而，TALENs的生产成本和操作复杂性依然是实际应用中的技术瓶颈。特别是在高通量编辑的场景中，TALENs的构建周期限制了其大规模应用。

通过优化蛋白表达系统和引入智能化设计工具，TALENs的生产和应用效率得到了显著提升。此外，结合HTS技术，研究者能够实时检测TALENs的编辑效果，为其在精准基因编辑中的应用提供科学依据。这些优化策略使TALENs在复杂性状改良和功能基因组研究中具备持续发展的潜力。

（三）基因编辑工具的整合应用

基因编辑工具的整合应用为实现复杂性状的多目标优化提供了可能。不同工具在序列识别特性、编辑效率和适用场景上各具优势，通过整合其功能特性，研究者能够在更广泛的遗传背景中实现高效、精准的基因编辑。

整合应用的核心在于工具间的协同优化。结合ZFNs的高序列特异性、TALENs的识别灵活性和CRISPR/Cas系统的操作便捷性，研究者能够制定具有高效低脱靶特性的综合编辑策略。这种协同优化为多基因编辑和复杂性状改良提供了强有力的技术支持。

基因编辑工具的整合还包括与其他现代生物技术的结合。结合编辑工具与HTS平台和分子标记技术，研究者能够实时监控编辑效果并优化策略。此外，智能化设计平台的引入显著提高了工具整合的效率，使其能够适应更广阔的应用场景。

整合应用的发展方向在于智能化与自动化的全面结合。通过构建智能化编辑工具设计平台，研究者能够高效设计多目标编辑方案，并借助数据分析优化编辑流程。这种基于智能化和高通量的编辑工具整合方法，为小麦分子育种技术的深入应用开辟了全新路径。

三、基因编辑技术的操作规范

基因编辑技术的成功实施依赖于科学的操作规范，从编辑靶点的选择、工具的设计与优化，到效率的检测和脱靶效应的控制，每一环节都需要精确规划和实施。结合现代研究成果，操作规范的不断优化为提升编辑效率、降低风险以及确保编辑的精准性提供了理论和实践支持。

（一）编辑靶点的选择原则

编辑靶点的选择是基因编辑的首要环节，其科学性和精准性直接决定了编辑结果。靶点的选择需综合考虑基因组背景、目标基因的功能特性以及编辑工具的适配性。

在靶点筛选过程中，基因组序列的特异性是核心标准。通过构建高分辨率基因组图谱，研究者能够识别目标基因的高效靶点，同时避免与非目标区域的高序列相似性。靶点的特异性直接影响编辑工具的脱靶效应，因此需要由计算机辅助设计工具进行严格验证。

靶点选择还需结合表观遗传状态和染色质可及性。研究表明，开放的染色质区域更有利于编辑工具的有效结合，而高度甲基化或异染色质区域可能降低编辑效率。综合多组学数据分析，研究者能够全面评估靶点的可编辑性，为工具设计提供科学依据。

现代智能化技术为靶点选择带来了新的机遇。基于AI的靶点预测模型能够综合考量多种因素，对潜在靶点进行高效筛选和排序。这种智能化方法显著提高了靶点选择的效率和可靠性，为复杂性状的精准编辑奠定了基础。

（二）设计与优化编辑工具

编辑工具的设计与优化是基因编辑技术实施的关键环节，其目的在于提升工具的特异性、活性和稳定性。结合蛋白工程和分子设计方法，研究者能够构建适配性更强、效率更高的编辑工具。

工具设计的核心在于靶向能力的优化。以CRISPR/Cas系统为例，引导RNA的设计需综合考虑靶点序列、二级结构以及与Cas蛋白的结合稳定性。研究表明，引入辅助结构或优化碱基匹配模式，能够显著提升引导RNA的靶向效率和特异性。

蛋白工程技术在编辑工具的优化中发挥着重要作用。通过对核酸酶结构域的定向改造，研究者能够提升其切割活性并降低非目标效应。此外，融合修饰蛋白或调控因子，可进一步丰富编辑工具的功能，以适应复杂的遗传背景和应用需求。

编辑工具的优化还需结合目标性状的遗传特性和环境条件。通过动态调整编辑参数，研究者能够实现对目标序列的精准调控，同时确保编辑结果的稳定性和可重复性。这种综合优化策略为复杂性状的多目标编辑提供了技术支持。

（三）编辑效率的检测与验证

编辑效率的检测与验证是评估基因编辑结果的重要环节，其科学性直接影响编辑工具的优化和应用效果。通过结合多种检测方法，研究者能够全面分析编辑效率并优化后续实验流程。

编辑效率的检测通常包括基因型分析和表型验证两部分。基因型分析利用HTS技术，能够精确检测目标序列的变异类型和频率，揭示编辑工具在特定靶点的作用效果。结合PCR技术和分子标记，研究者能够快速筛选出高效编辑的样本，为后续研究节约时间和成本。

表型验证是编辑效率评估的重要补充。通过分析目标性状的表现及其与基因型的关联性，研究者能够进一步验证编辑结果的有效性和稳定性。此外，结合MET和多组学数据分析，研究者能够评估编辑结果在不同条件下的适应性和遗传稳定性。

现代数据分析技术的应用显著提升了检测效率和数据处理能力。基于AI的分析工具能够从高通量数据中提取关键信息，并实时预测编辑效率和结果趋势。这种智能化方法为大规模编辑效率评估提供了新的技术平台。

（四）脱靶效应的控制方法

脱靶效应是基因编辑技术应用面临的主要挑战，其控制策略的优化直接关系到编辑的精准性和安全性。通过靶点设计优化、工具改良以及改进检测技术，研究者能够有效降低脱靶风险。

脱靶效应的控制首先依赖于靶点设计的科学性。高特异性靶点的选择是降低脱靶效应的关键。结合高分辨率基因组数据和计算机辅助设计，研究者能够筛选出具有较低脱靶风险的目标序列，并对潜在的非目标结合位点进行严格评估。

工具改良是控制脱靶效应的另一个重要方向。通过优化核酸酶的结构域，研究者能够显著提升其与目标序列的结合稳定性，从而降低非特异性结合的可能性。此外，高保真版本的编辑工具，如改良的Cas9蛋白，可通过调控切割活性进一步降低脱靶风险。

脱靶效应的检测技术为控制策略的优化提供了科学依据。利用HTS和单细胞分析技术，研究者能够全面揭示编辑工具在基因组水平的作用范围，并对潜在的脱靶位点进行验证。这些技术的结合显著提高了检测的灵敏度和可靠性，为脱靶效应的控制提供了数据支持。

现代生物信息学的应用为脱靶效应的全面评估带来了新的可能。基于大数据分析的预测模型能够量化编辑工具的脱靶风险，并提供优化建议。这种结合智能化分析和精准实验验证的方法，为提升基因编辑技术的安全性和实用性提供了有力的支持。

第二节　CRISPR/Cas9 系统在小麦改良中的应用

一、CRISPR/Cas9 技术的机制与优势

CRISPR/Cas9技术作为新一代基因编辑工具，凭借其精准、高效和多样化的特点，在小麦遗传改良中展现出广阔的应用前景。基于Cas9蛋白的功能解析和向导RNA的设计优化，CRISPR/Cas9技术能够实现靶向编辑的精确调控，为小麦性状改良提供了有力的技术支持。深入探讨其作用机制与优势是推动该技术进一步发展的关键。

（一）Cas9 蛋白的功能解析

Cas9蛋白是CRISPR/Cas9基因编辑系统的核心执行元件，其作用机制决定了CRISPR/Cas9技术的编辑精度和效率。Cas9蛋白通过与向导RNA结合，形成靶向复合物，该复合物能够特异性识别目标DNA并催化双链断裂，为实现基因组精准编辑奠定了分子基础。

Cas9蛋白的功能依赖于其结构域的协同作用。主要功能域包括HNH核酸酶域和RuvC核酸酶域，分别负责切割目标DNA的互补链和非互补链。这种双域协作的切割机制确保了Cas9在特定位点产生双链断裂，从而启动细胞内修复途径。此外，Cas9蛋白还具有PAM（Protospacer Adjacent Motif）识别区域，其作用是提高靶向结合的特异性，为编辑的精确性提供保障。

现代分子生物学技术揭示了Cas9蛋白与DNA的动态作用机制。研究表明，Cas9蛋白通过与向导RNA形成稳定的复合物，能够有效识别目标DNA上的PAM序列，并诱导核酸酶域的构象变化，从而完成切割过程。这一机制的解析为Cas9的优化设计提供了理论依据。例如，通过突变改造HNH和RuvC活性位点，研究者开发出高保真版本的Cas9蛋白，显著降低了脱靶效应。

Cas9蛋白的应用范围不仅限于基因敲除实验，其变体和改良版本在基因激活、基因抑制以及表观遗传调控研究中也展现出巨大潜力。借助结合AI和高通量筛选技术，Cas9蛋白的设计与优化效率得到了显著提升，为复杂性状的精准编辑和多基因调控研究提供了强有力的工具支持。

（二）向导 RNA 设计的关键要素

向导RNA是CRISPR/Cas9系统中的核心组件，其设计质量直接决定了编辑系统的特异性和效率。向导RNA通过与目标DNA的碱基配对引导Cas9蛋白定位目标序列，从而实现基因编辑。研究表明，向导RNA的序列特异性、稳定性和功能优化是设计过程中的关键因素。

向导RNA的设计需综合考虑目标序列的特异性和基因组背景的复杂性。高特异性的向导RNA能够显著降低脱靶效应，提高编辑的精准性。基于基因组数据的高分辨率图谱，研究者能够筛选出靶点序列中不易与非目标区域重叠的片段，从而优化向导RNA的靶向能力。此外，靶序列的GC含量和二级结构对向导RNA的稳定性具有重要影响，研究者需通过序列优化确保向导RNA与Cas9蛋白的高效结合。

现代计算工具极大地提升了向导RNA的设计效率。基于机器学习算法的智能设计平台能够整合基因组数据、靶点特性和实验结果，对向导RNA的潜在靶点进行全面评估。这些工具不仅缩短了设计周期，还通过动态调整优化策略，增强了设计结果的适用性。

向导RNA的改进方向还包括功能性修饰和多靶点整合。研究表明，通过引入稳定元件或增强功能的附加序列，向导RNA的切割效率和结合能力显著提升。此外，针对多靶点编辑需求的向导RNA设计策略，为复杂基因组的多目标编辑提供了可行方案。高效设计与优化的向导RNA为CRISPR/Cas9技术在遗传改良中的广泛应用提供了技术保障。

（三）靶向编辑的精确调控

靶向编辑的精确调控是CRISPR/Cas9技术在复杂基因组背景下成功应用的核心要求，其优化涉及靶点识别、脱靶效应控制和动态调控的多重策略。通过多层次的调控方法，研究者能够实现对目标序列的高效编辑，同时最小化非目标效应。

靶点识别的精准度依赖于向导RNA的特异性设计和Cas9蛋白的靶向能力。研究表明，高特异性的靶点选择能够显著降低脱靶效应，提升编辑系统的可靠性。通过构建基因组范围的脱靶预测模型，研究者能够在设计阶段优化靶点选择策略，为精准编辑提供保障。此外，结合表观遗传数据和染色质可及性评估，研究者能够针对性地设计更适合靶区的编辑策略。

脱靶效应的控制是靶向编辑精确调控的重要环节。高保真版本的Cas9蛋白通过减少非特异性结合位点的活性显著降低了脱靶风险。研究者还通过引入Cas9变体或替代系统（如Cas12a）优化切割效率和特异性。这些改进显著提高了编辑的安全性和适用性，尤其是在复杂基因组背景下优势更为明显。

动态调控技术提升了靶向编辑的精准性。结合光遗传学和化学控制方法，研究者能够实现对CRISPR/Cas9活性的时空控制。这种调控方式不仅提高了编辑的可控性，还显著减少了脱靶效应对基因组稳定性的潜在影响。

靶向编辑的精确调控还需结合大数据分析和智能化预测工具。基于AI的动态分析平台能够实时评估靶点的编辑潜力，并对编辑结果进行量化验证。这种智能化分析方法显著增强了CRISPR/Cas9技术在多基因调控和复杂性状优化中的应用价值。

二、CRISPR/Cas9 技术在小麦性状改良中的应用

CRISPR/Cas9技术作为一种高效、精准的基因编辑工具，在小麦性状改良中展现出巨大的应用潜力。从抗病基因的靶向编辑到耐旱耐盐性状的改良，再到品质性状的精准优化，CRISPR/Cas9技术不仅为实现育种目标提供了技术支撑，也推动了小麦多基因编辑策略的实践与创新。深入探讨其在小麦性状改良中的应用，能为农业可持续发展提供科学依据。

（一）抗病基因的靶向编辑

抗病基因的靶向编辑是小麦改良过程中应对病害挑战的核心策略，其目标在

于通过基因组层面的精准调控提升小麦对多种病原菌的抗性。CRISPR/Cas9技术凭借其高效性和特异性，为抗病性状的改良提供了全新工具，能够实现抗病基因的功能解析与靶向优化。

抗病基因的遗传控制通常涉及多个途径，包括与病原菌直接交互的基因，以及通过信号通路调控抗病反应的基因。研究表明，靶向敲除病原菌利用的小麦易感基因，能够显著提高抗病能力。这种方法通过消除关键结合位点，阻断病原菌的侵染路径，为抗病性状的改良提供了路径。

在实际应用中，脱靶效应的控制会影响抗病基因编辑的精准性。研究者通过优化向导RNA的设计，以及引入高保真版本的Cas9蛋白，显著降低了非目标位点的编辑风险。此外，结合MAS技术，能够加速抗病种质的筛选进程，为多代选择提供理论支撑。

多基因联合编辑策略进一步提升了抗病基因的改良效率。通过同时调控多个功能相关基因，研究者能够增强小麦的广谱抗病性。这种协同优化方法为复杂病害的综合防控提供了有效途径，同时增强了小麦在不同生态条件下的抗病适应性。

现代表型组学和环境数据的结合，为抗病基因编辑的效果评估提供了支持。通过MET，研究者能够量化不同基因型的抗病表现，筛选出具有广泛适应性的优良种质。这种基于数据驱动的策略为抗病基因的精准优化提供了科学依据。

（二）耐旱与耐盐性状的改良

耐旱与耐盐性状是应对气候变化和资源约束的重要育种目标，其遗传改良涉及复杂的基因调控网络。CRISPR/Cas9技术通过靶向调控关键基因，为小麦在逆境下的生长与生产力提升提供了新的技术手段。

耐旱与耐盐性状的遗传基础包括水分利用效率、离子平衡调节和渗透压调控等多个维度。研究表明，CRISPR/Cas9技术通过靶向调控与这些特性相关的基因，增强小麦在干旱和盐渍环境中的适应性。通过编辑信号通路中的关键基因，研究者能够提高植物对逆境胁迫的响应能力。

多基因编辑策略在耐旱与耐盐性状改良中的应用尤为突出。通过同时调控多个互作基因，研究者能够实现性状的协同优化。这种联合编辑方法不仅显著提升了小麦的抗逆性，还为复杂环境条件下的广适性育种提供了技术支持。

现代数据分析技术为耐旱与耐盐基因的精准编辑提供了新工具。结合GS和表型组学分析，研究者能够构建MET平台，动态评估编辑效果。这种数据驱动的优化策略显著提升了耐逆种质的筛选效率，为小麦的区域化改良提供了理论支持。

（三）品质性状基因的精准编辑

小麦品质性状的优化是满足市场需求和提升农产品附加值的核心目标。CRISPR/Cas9技术通过精准调控品质相关基因的表达，为小麦品质性状的改良开辟了高效路径。品质性状的改良涉及多个遗传控制层面，包括蛋白质含量、面筋强度和淀粉性质等。

通过靶向编辑品质相关的调控基因，研究者能够实现对品质性状的定向优化。研究表明，CRISPR/Cas9技术能够精确调控关键基因的表达水平，进而提高小麦的加工性能和营养价值。此外，基因编辑技术还为揭示品质性状的遗传调控机制提供了新工具。

在品质性状编辑中，表型稳定性和环境适应性是备受关注的问题。研究者通过多代选择和MET评估，能够筛选出表现稳定的优良种质。借助MAS，能够使编辑后的种质在不同生态条件下保持稳定。

多组学数据的整合为品质性状的精准编辑指引了新方向。通过整合基因组、代谢组和表型组数据，研究者能够全面解析品质性状的遗传基础，并设计更加高效的编辑方案。这种数据驱动的精准改良方法，为小麦品质育种提供了科学支撑。

（四）育种目标与 CRISPR 技术的结合

CRISPR技术在小麦育种目标实现中的应用广泛而深入。结合基因编辑技术与传统育种方法，研究者能够同时优化多性状的表现，显著提升育种效率和遗传增益。

在育种目标的实现中，CRISPR技术的精准性和灵活性是其主要优势。研究者通过靶向编辑与目标性状相关的关键基因，能够在育种早期加速优良种质的筛选。此外，结合GS和表型组学分析，研究者能够动态优化编辑策略，为育种决策提供科学依据。

MET和区域化育种策略进一步增强了CRISPR技术的适用性。通过在多样化生态条件下评估编辑效果，研究者能够保障编辑种质的稳定性和适应性。这种结合数据分析与智能化管理的育种策略，为现代农业的可持续发展提供了技术支持。

（五）多基因编辑的策略与实践

多基因编辑是实现复杂性状改良的重要手段。CRISPR技术通过多靶点编辑实现对多基因网络的调控，为复杂性状的协同优化带来可能。

多基因编辑的实施需考虑编辑工具的设计优化和靶点选择的科学性。研究显示，联合设计多条向导RNA，能够实现多个目标基因的同时调控。这种多靶点联合编辑大幅提升了编辑效率，并为复杂性状的多目标改良提供了技术支持。

现代数据分析工具显著增强了多基因编辑策略的科学性。通过智能化编辑预测平台，研究者能够对潜在靶点进行全面评估，并优化设计方案。这种基于数据驱动的多基因编辑方法，为复杂性状的精准优化提供了强有力的支持。

三、CRISPR/Cas9技术的局限性与优化

尽管CRISPR/Cas9技术在小麦改良中展现出巨大潜力，但其局限性也显著影响了实际应用的效率与精准性。这些局限性包括脱靶效应、编辑工具的改良需求、靶标序列的多样性对编辑效果的限制以及新型CRISPR系统开发遇到的技术瓶颈。结合现代研究成果和优化策略，CRISPR/Cas9技术正在逐步克服这些挑战，为小麦育种提供更全面和高效的解决方案。

（一）脱靶效应的检测与规避

脱靶效应是CRISPR/Cas9技术应用中的主要挑战之一，指编辑工具在非目标序列上的非特异性切割。脱靶效应不仅降低了编辑的精准性，还可能对基因组的稳定性和功能性产生不良影响。因此，检测和规避脱靶效应是优化CRISPR/Cas9技术的关键环节。

1. 脱靶效应的成因与检测技术

脱靶效应的成因主要包括向导RNA与非目标序列的不完全配对、Cas9蛋白的非特异性结合能力以及靶标区域的表观遗传状态等。研究表明，向导RNA与目标序列间的碱基错配是脱靶效应的主要诱因，而靶标序列中重复或相似区域的存在进一步加剧了这一风险。

脱靶效应的检测需要高灵敏度和高分辨率的分析技术。基因组范围的检测技术如HTS和单细胞测序为全面分析脱靶位点提供了支持。这些方法能够精确识别CRISPR/Cas9工具在基因组中引发的所有变异，并评估其在不同实验条件下的发生频率和分布情况。此外，靶标区域的计算机预测和模拟分析为脱靶效应的评估提供了前期指导，通过模拟向导RNA的结合模式，研究者能够有效减少实验过程中的潜在风险。

2. 脱靶效应的规避策略

规避脱靶效应的核心在于优化向导RNA的设计和Cas9蛋白的性能。高特异性向导RNA的设计是减少脱靶效应的前提。研究表明，通过选择GC含量适中的靶点序列、避免碱基重复区域并结合表观遗传数据优化设计，向导RNA的特异性能够显著提高。同时，智能化设计工具借助机器学习算法对潜在靶点进行筛选和优化，使得设计过程更加高效且科学。

高保真Cas9蛋白的开发是另一个重要方向。通过蛋白工程技术改造Cas9的关键功能域，研究者开发了具有更高序列特异性和切割精度的Cas9变体。这些高保真版本大幅降低了非特异性结合的概率，同时提高了编辑效率。结合高通量检测技术，研究者能够验证这些改良工具在不同基因组背景下的表现，并进一步拓展其适用范围。

实时监控与动态评估为规避脱靶效应提供了技术支持。结合光遗传学或化学调控方法，研究者能够动态调控CRISPR/Cas9的活性，使其在特定时间和空间内发挥作用，从而减少对非目标区域的编辑。这种动态调控方法不仅增强了系统的可控性，还显著提升了编辑结果的可靠性。

（二）编辑工具的改进方向

CRISPR/Cas9技术的持续优化不仅在于靶向特异性的提升，还包括编辑工具在适用范围、多功能性和灵活性方面的改良。这些改进方向直接关系到技术的应用潜力和广泛性，为应对复杂基因组背景下的编辑挑战开辟了新的路径。

1. 靶向能力的优化

编辑工具靶向能力的提升是技术改良的核心目标。通过改造Cas9蛋白的DNA结合域和核酸酶活性域，研究者能够显著增强其对目标序列的结合稳定性和切割精度。此外，开发适配不同PAM序列的Cas9变体增强了系统的靶向能力，使其在更多物种和遗传背景中也能使用。

优化向导RNA设计进一步提高了编辑工具的靶向能力。在高通量筛选和计算机辅助预测下，研究者能够快速生成适配特定基因组背景的向导RNA设计方案。这种基于数据驱动的靶点优化方法为复杂性状的多靶点编辑提供了技术支持。

2．多功能化设计

编辑工具的多功能化设计为CRISPR/Cas9技术的拓展应用提供了可能。通过将Cas9蛋白与其他功能模块（如转录激活因子、表观遗传调控元件或荧光标记蛋白）融合，研究者开发出集基因编辑、表达调控和实时监测于一体的多功能工具。这些改良版本不仅能够实现基因组修饰，还能在单细胞水平上解析基因功能和调控网络。

研究表明，多功能化设计在复杂性状优化和基础生物学研究中具有显著优势。通过精确调控目标基因的时空表达，研究者能够探索基因调控网络的动态变化，并优化育种策略。这种多维度的编辑工具显著增强了CRISPR/Cas9技术的应用潜力。

3．与智能化技术的结合

智能化技术为CRISPR/Cas9工具的优化提供了全新思路。结合AI和机器学习算法，研究者能够对编辑工具的性能进行预测和动态优化。智能化分析平台通过整合基因组数据、表型信息和实验结果，能够实时生成编辑方案并评估其可行性。这种数据驱动的设计和优化方法显著提升了CRISPR/Cas9技术的适用性和科学性。

高通量筛选技术进一步推动了编辑工具的优化。通过构建大规模突变体库，研究者能够全面评估不同编辑工具在多样基因组背景下的性能。这些筛选结果为工具的改良提供了实验依据，也为复杂性状的精准编辑提供了强有力的技术支持。

（三）靶标序列多样性对编辑的影响

靶标序列的多样性是CRISPR/Cas9技术应用中的关键影响因素之一，对编辑工具的效率、特异性和稳定性具有直接作用。不同基因组背景下的序列复杂性、遗传变异和表观遗传状态都会显著影响编辑工具的适配性，因此，如何优化靶标序列选择成为当前研究的重点。

1. 序列多样性的本质与影响机制

基因组序列的多样性源于进化过程中的突变、插入、缺失和重复，这些变化为物种的多样性奠定了遗传基础。然而，在CRISPR/Cas9系统的应用中，序列多样性可能引发脱靶效应并降低编辑效率。研究显示，靶标序列中碱基的重复区域和高度相似的同源序列是非特异性结合的主要原因，这对精准编辑提出了更高要求。

表观遗传修饰是影响靶标序列可编辑性的另一个重要因素。DNA甲基化、组蛋白修饰和染色质结构的开放性决定了编辑工具与目标序列的结合能力。靶点序列的表观状态在不同细胞类型和生理条件下可能呈现显著差异，这种动态变化进一步增加了编辑工具设计的复杂性。

2. 靶标选择的优化策略

为应对靶标序列多样性带来的挑战，优化靶点选择至关重要。高分辨率基因组图谱的构建为识别高效靶点提供了技术支持。通过综合考虑靶标序列的GC含量、重复序列比例和基因组上下游调控区域，研究者能够筛选出适配性更高的靶点，从而提高编辑工具的效率和特异性。

结合多组学数据的靶点评估方法显著提升了靶标选择的科学性。通过整合基因组、转录组和表观遗传数据，研究者能够动态分析靶标区域的编辑潜力，并对不同环境条件下的表现进行评估。这种数据驱动的靶点选择策略为复杂性状的精准改良提供了理论支持。

智能化设计工具的应用进一步提高了靶点选择的效率。基于机器学习算法的设计平台能够从大规模基因组数据中自动筛选高效靶点，并优化向导RNA的设计。这种智能化方法大幅降低了实验成本，同时提高了编辑结果的可靠性。

（四）新型CRISPR系统的开发潜力

新型CRISPR系统的开发是推动基因编辑技术不断创新的核心因素。随着研究的深入，新型CRISPR系统在功能扩展、适用范围和多样化应用场景方面展现出巨大的开发潜力。通过引入新的核酸酶和功能模块，研究者能够克服传统CRISPR/Cas9系统的局限性，为复杂性状的遗传改良提供更强大的工具。

1. 新型CRISPR系统的特性与应用前景

以Cas12、Cas13和Cas14为代表的新型CRISPR系统在靶向能力和编辑机制上展现了独特优势。Cas12系统能够切割单链DNA，适用于病毒检测、表观遗传调控以及基因组修饰等多种场景；Cas13系统通过靶向RNA，为非编码RNA的功能研究和病毒抗性机制探索提供了全新工具。这些系统的开发拓宽了CRISPR技术的适用范围，为多层次遗传研究提供了理论支持。

新型CRISPR系统在编辑功能上更加灵活。通过整合转录调控因子、修饰酶或信号放大元件，研究者开发了具有实时监测和多功能调控能力的编辑工具。这些改良版CRISPR系统不仅能够精准编辑目标基因，还能够动态调控基因表达，为基因网络研究和复杂性状的动态优化提供全新思路。

2．智能化与高通量技术的结合

高通量筛选和智能化设计是推动新型CRISPR系统开发的重要技术手段。通过构建大规模蛋白突变库并结合动态模拟，研究者能够快速评估新系统的性能并优化其设计。这种数据驱动的开发模式显著提升了CRISPR系统的改良效率，为应对复杂遗传背景下的编辑挑战提供了强有力的支持。

现代计算工具在新型CRISPR系统开发中的作用日益重要。基于AI的设计平台能够实时生成编辑方案，并预测其在不同基因组背景下的适用性。这种智能化方法显著提升了开发效率，为打造高效、精准和多功能化的CRISPR系统设计提供了技术支持。

第三节　基因工程育种的伦理与安全性

一、基因工程育种的伦理争议

基因工程育种技术的迅猛发展在为粮食安全和农业可持续发展带来新机遇的同时，也引发了广泛的伦理争议。这些争议主要集中于基因改造食品的伦理讨论、遗传资源专利与共享的矛盾、公众对基因工程的接受程度，以及育种技术透明化的必要性等方面。深入探讨这些问题，不仅有助于平衡技术发展与社会共识，也为制定科学合理的政策提供理论支持。

（一）基因改造食品的伦理讨论

基因改造食品自进入公众视野以来，因其潜在的健康风险、生态影响以及技术应用的伦理困境而成为社会争议的焦点。基因工程在农业中的广泛应用，虽然提升了作物产量和抗性，但其所涉及的生物技术对自然界的干预性与不确定性，使其成为伦理学的重要研究领域。

1. 健康风险与科学共识的冲突

基因改造食品对人类健康的影响是伦理争议的核心问题之一。支持者认为，基因改造技术能够通过引入目标基因，增强食品的营养价值，减少化学农药的使用，进而降低人类接触有害物质的风险。然而，反对者则担忧基因改造可能带来潜在的健康危害，尤其是未知的过敏反应和毒性风险。

科学研究在健康风险评估中扮演着重要角色，但其结果的复杂性和不确定性往往难以消除公众对食品安全的担忧。这种矛盾在于，科学结论基于概率和实验条件，而公众对食品安全的期望是绝对性的。这种对科学共识的信任缺失，进一步加剧了基因改造食品的伦理争议。

2. 生物技术对自然界的干预伦理

基因改造食品涉及对自然界的基因干预，其是否破坏自然平衡是另一个重要的伦理争议点。从伦理学角度分析，基因工程对自然基因的重组和重塑可能挑战自然界的演化规律，引发"科学界限"与"伦理边界"的争论。

现代研究表明，基因改造食品可能对生态系统产生连锁反应，例如基因流动对非目标生物具有潜在影响。尽管现有技术能够在一定程度上控制基因漂移，但其长期影响尚未完全明确。这种对生态系统的不确定性，使得基因改造食品的伦理学基础受到质疑。

3. 跨文化视角下的伦理争议

不同文化对基因改造食品的接受程度差异显著。技术干预自然的观念在一些文化中被视为对"自然秩序"的挑战，而在另一些文化中则被认为是技术进步的象征。这种文化差异在全球范围内加剧了基因改造食品的伦理问题复杂性。

现代伦理学指出，技术发展的全球化进程需要尊重不同文化背景下的价值观念。通过多方对话和国际合作，建立符合多元文化的技术监管框架，是缓解基因改造食品伦理争议的重要途径。

（二）遗传资源专利与共享的矛盾

遗传资源的专利保护和共享问题在现代农业科技的商业化进程中一直存在。基因工程技术的普及促使遗传资源的商业价值显著提升，但专利制度与资源共享间的不平衡性引发了广泛的伦理争议。这一矛盾主要体现在技术创新的激励机制与全球农业公平性之间的对立。

1. 专利保护与利益分配的不对称性

专利保护为农业技术的创新提供了动力，但也加剧了遗传资源的利益分配不平衡。一些农业跨国公司通过对遗传资源进行专利垄断，在全球范围内获取了巨大的经济收益，而原始资源的提供者却无法分享这些技术进步带来的利益。这种利益分配的不对称性在发展中国家表现得尤为明显，农民需要支付高昂的专利费用购买种子，进一步加重了农业生产的经济负担。

现代研究表明，专利保护与资源共享的核心矛盾在于"创新激励"与"公平分配"的权衡。现有专利制度在激励技术开发的同时，可能会给中小型农业主体和传统农民群体带来不公平的竞争。这种失衡在全球农业体系中引发了人们对知识产权政策的反思。

2. 资源共享的伦理诉求与政策推进

资源共享是解决专利矛盾的核心伦理诉求。伦理学研究认为，遗传资源作为全人类的共同财富，应当在国际范围内实现公平分配。然而，专利制度的法律保护机制与资源共享的伦理诉求在实践中常常发生冲突。

通过国际协调机制推动资源共享，是解决矛盾的重要方向。全球范围内的农业国际组织和协议，如《生物多样性公约》和《粮食与农业植物遗传资源国际条约》，旨在促进资源共享与可持续利用。然而，这些框架的执行效果在面对强大的商业利益时，往往受到制约。

3. 遗传资源共享与技术透明化的结合

资源共享的实现还需依赖技术透明化。现代数字技术和信息化管理为遗传资源的追溯和公平分配提供了支持。通过建立公开的遗传资源数据库，研究者和政策制定者能够动态监测专利资源的使用情况，从而优化资源共享机制。

技术透明化不仅有助于缓解专利垄断带来的伦理争议，还能提升公众对农业科技的信任。未来的发展需要在法律框架和技术创新之间找到平衡点，通过构建透明、公平的遗传资源管理体系，为全球农业可持续发展提供了解决方案。

（三）公众对基因工程的接受程度

公众对基因工程技术的接受程度直接决定了技术应用的广度和深度。在基因工程技术蓬勃发展的同时，社会对其潜在风险和伦理问题的质疑一直存在。这种复杂的公众态度来源于信息不对称、科学认知不足以及多元文化背景下的价值观差异。

1．信息不对称与科学认知不足

基因工程技术较强的专业性使公众难以全面了解其核心原理和潜在影响。信息不对称问题不仅存在于科学家与公众之间，也涉及政策制定者、媒体与消费者。研究表明，公众对基因改造食品的安全性认知受信息片面性和传播渠道局限的影响，往往会放大对该技术的潜在担忧。

科学认知不足加剧了公众对基因工程技术的抵触情绪。由于缺乏对技术风险和效益的全面了解，部分公众倾向于依据主观经验和感性判断来评价这项技术。这种认知偏差往往导致他们对基因工程技术缺乏信任，进一步影响其推广和应用。

2．媒体传播与公众态度塑造

媒体作为信息传播的重要渠道，对于公众对基因工程技术的态度起到了关键作用。然而，研究发现，部分媒体在报道基因工程相关议题时倾向于强调风险而忽略技术的潜在益处。这种倾向不仅无法平衡公众认知，还可能进一步强化技术的不确定性和争议性。

解决这一问题需要从科学传播的角度优化公众教育模式。科学家与媒体合作，构建基于证据的传播内容，能够帮助公众更全面地理解基因工程技术的应用价值。同时，数字化信息平台的兴起为公众参与科学讨论带来新的可能，有助于提升公众对该技术的接受度。

3．社会文化与价值观的多元性

不同文化背景和社会价值观对基因工程技术的接受程度影响显著。在技术强势文化中，基因工程往往被视为科技进步的象征，而在崇尚自然或传统农业的文化中，其可能被认为是对自然规律的干预。这种文化价值观的多样性在全球化技术应用中引发了更为复杂的伦理争议。

从社会学视角分析，公众对基因工程技术的接受程度不仅受到技术本身的影响，还与其所在社会对科技风险的容忍度密切相关。通过跨文化对话和国际合作，建立尊重多元文化背景的技术推广机制，是提升全球范围内公众接受度的重要策略。

（四）育种技术透明化的必要性

育种技术的透明化是缓解社会对基因工程技术伦理争议的关键路径。通过公开技术开发过程、数据评估结果以及相关决策机制，透明化能够增强公众信任，推动该技术在农业领域的广泛应用。

1. 技术透明化与公众信任的关系

透明化是提升公众对技术信任度的核心要素。研究表明，公众对基因工程技术的疑虑大多源于对技术细节和决策过程的不了解。通过披露技术开发的科学依据和安全评估结果，能够减少信息不对称所带来的误解，为公众建立更加清晰的技术认知框架。

技术透明化还能够促进公众对育种技术的参与感和认同感。在透明化的环境下，公众不仅能够获取技术发展的真实信息，还能通过公众咨询和政策反馈机制参与技术推广。这种双向互动模式为构建技术与社会之间的良性关系提供了可能。

2. 透明化机制的科学构建

构建高效的透明化机制需要从技术平台和监管政策两方面入手。现代数字化技术为透明化提供了有力支持。通过构建基因工程项目的在线公开平台，研究者和政策制定者能够实时更新技术开发的关键进展和评估结果。这种数字化管理方式不仅提高了信息公开的效率，还为技术追溯和责任落实提供了技术支持。

在监管政策方面，透明化机制的构建需遵循国际通行规范，并结合本地社会的具体需求。将透明化要求纳入技术开发的全生命周期管理，确保技术从研发、评估到应用的每一环节都处于公众监督之下，从而显著提升技术的社会认可度。

3. 透明化与伦理争议的缓解

透明化不仅是技术信任的基础，也是解决基因工程伦理争议的重要手段。在信息完全披露的条件下，公众能够更全面地了解技术的风险和效益，从而减少因认知不足而产生的不必要疑虑。此外，透明化还能够强化利益相关方之间的沟通与协调，通过多方协作提升技术决策的公平性与科学性。

未来，随着智能化技术和国际合作的深入推进，育种技术的透明化将进一步提升社会对基因工程技术的接受度。这种基于信息公开和社会参与的模式为现代农业技术的发展奠定了伦理和社会基础。

二、基因工程育种的生物安全性

基因工程育种技术的快速发展在为农业生产和粮食安全提供新机遇的同时，也引发了公众对生物安全性的广泛关注。生物安全性议题涵盖转基因生物的环境影响评估、基因漂移对生态平衡的威胁、转基因生物的长期稳定性以及国际安全性检测标准的规范化。科学而全面地分析这些问题，对推动基因工程技术的可持续发展和社会认可至关重要。

（一）转基因生物的环境影响评估

转基因生物对环境的影响是基因工程育种中不可忽视的重要议题，其评估涉及复杂的生态过程和多维度的科学研究。通过环境影响评估，能够揭示转基因生物对生态系统的短期和长期效应，为该技术的可持续应用提供科学支持。

1. 非目标生物的生态风险

转基因生物可能通过基因表达产物直接或间接影响非目标生物的生存和繁殖。研究表明，转基因作物中表达的外源蛋白可能扰动昆虫、土壤微生物和其他非目标物种的生态功能。这种生态风险不仅可以改变物种间的生态关系，还可能对食物链和生态网络的稳定性产生深远影响。

科学评估非目标生物的生态风险需从个体、种群和生态系统三个层面展开。在个体层面，需分析转基因生物产生的化学物质对非目标物种的毒性作用；在种群层面，需监测非目标物种种群动态变化及其对转基因作物的敏感性；在生态系统层面，需系统评估转基因生物对生物多样性和生态服务功能的潜在影响。

2. 生态多样性的潜在威胁

转基因生物的引入可能对生态多样性构成潜在威胁。比如转基因作物在与野生种或传统作物共存时，其生态竞争优势可能导致野生种或非转基因种质资源的减少，从而降低区域生态多样性。这种现象对生态系统适应环境变化的能力带来了新的挑战。

评估转基因生物对生态多样性的影响需结合长期监测和动态模拟。构建生态系统模拟模型，能够预测转基因生物对物种间竞争关系及生态功能分布的影响。这种数据驱动的分析方法为制定科学的生态保护策略提供了参考。

3. 长期环境影响的不可预测性

转基因生物的长期环境影响因其复杂性和不可预测性成为研究中的难点。这些影响可能随着时间的推移在不同生态条件下表现出多样性和差异性。例如，长期种植转基因作物可能改变土壤微生物群落的组成，从而影响土壤肥力和生态系统循环功能。

评估长期影响需要在不同生态条件下进行多代连续监测，并结合高通量技术对转基因生物的基因组稳定性及其生态效应进行全面分析。整合不同时间尺度和空间尺度的数据，能够更加准确地揭示转基因生物的长期环境动态。

（二）基因漂移与生态平衡

基因漂移是转基因生物潜在环境风险的主要机制之一，其影响涉及遗传多样性、种群动态和生态平衡。基因漂移是指转基因作物通过花粉、种子或其他传播方式，将其遗传物质扩散至非目标物种或环境中的过程。这种扩散对生态平衡的潜在威胁需要从多个维度展开评估。

1. 基因漂移的传播机制与路径

基因漂移的传播路径包括花粉扩散、种子流失和机械传输等多种形式。研究表明，风力、昆虫等介质在基因漂移过程中扮演着重要角色。花粉的传播距离与扩散范围受多种环境因子的影响，包括气候条件、地形特征和植物种植密度等。

通过动态监测花粉流动和种子传播行为，能够揭示基因漂移的空间分布模式及其对生态系统的影响。此外，结合分子标记技术对基因漂移进行溯源分析，能够量化不同传播路径的相对贡献，为控制措施的制定提供科学依据。

2. 对非目标物种遗传多样性的冲击

基因漂移可能对非目标物种的遗传多样性产生显著影响。当转基因作物的花粉或基因通过自然传播与野生种或非转基因作物杂交时，可能引发遗传污染或基因置换现象。这种遗传效应可能削弱野生种的适应能力，从而改变种群的遗传结构。

保护遗传多样性需从基因库管理和种质隔离技术入手。在种植区域设置生态隔离带或选择不育系作物种植，可以显著减少基因漂移对非目标物种的遗传干扰。此外，通过对种群动态进行长期追踪研究，能够量化基因漂移对遗传多样性的具体影响。

3．基因漂移对生态平衡的潜在影响

基因漂移可能导致生态失调。研究发现，基因漂移可能改变种间竞争关系，从而引发物种的生态位转移或生物群落的重新组建。这种生态连锁效应对生态系统的功能稳定性构成潜在威胁。

评估基因漂移对生态平衡的影响需结合生态系统动态模型和实验室模拟研究。通过构建基因漂移的生态影响网络，研究者能够揭示基因扩散对物种互作和生态过程的全局效应。此外，结合生态监测数据和实验，能够为生态平衡保护和基因漂移控制提供科学依据。

（三）转基因生物的长期稳定性

转基因生物的长期稳定性是衡量其生物安全性的重要标准，直接关系到基因工程技术在农业中的持久应用。长期稳定性主要体现在外源基因的遗传稳定性、表达水平以及环境适应性三个方面。通过综合研究这些因素，能够全面评估转基因生物在多代种植和多样生态条件下的性能表现。

1．外源基因的遗传稳定性

外源基因的遗传稳定性是长期稳定性的核心。外源基因在多代繁殖中的完整传递和无突变表达是转基因作物持续发挥作用的基础。研究表明，外源基因的插入位置和宿主基因组背景是影响遗传稳定性的主要因素。插入位置若靠近高变异区域或基因组的转座元件，可能导致外源基因在代际间的不稳定性，从而影响目标性状的持久性。

通过多代田间试验和分子检测，研究者能够跟踪外源基因的遗传模式，并分析其在不同基因组背景中的适应性表现。高通量基因组测序技术为揭示外源基因的突变情况和插入效应提供了关键工具。此外，表观遗传修饰（如DNA甲基化）对外源基因的调控作用也是稳定性研究中的重要议题。

2．基因表达水平的动态变化

外源基因的表达水平在多代种植中可能受环境因子和基因组内调控机制的动态调节。这种表达水平的不稳定性可能导致目标性状的功能减弱或丧失，从而影

响转基因生物的应用效果。研究发现，基因沉默现象是影响表达稳定性的常见问题，其成因可能包括插入位置效应和基因间互作等。

结合转录组学和表型组学数据，研究者能够动态监测外源基因的表达水平及其对目标性状的贡献。此外，利用基因编辑技术优化外源基因的调控元件，能够显著增强基因的表达稳定性，进一步提高转基因作物的长期性能。

3. 环境适应性的长期评估

转基因生物的长期稳定性还体现在其对不同环境条件的适应能力上。环境因子的多样性（如气候、土壤和病虫害压力）对外源基因的表达和目标性状的稳定性具有显著影响。MET通过分析转基因作物在不同生态条件下的表现，为评估其环境适应性提供了可靠依据。

研究者利用基因型与环境互作模型，能够量化环境因子对转基因生物长期稳定性的调控作用。这种结合数据分析和长期观测的方法，不仅揭示了转基因生物的生态适应机制，还为优化其种植策略提供了科学支持。

（四）安全性检测标准的国际规范

转基因生物的安全性检测标准是保障生态安全和公众健康的重要手段。国际规范的建立旨在通过科学、全面和系统的评估方法，确保转基因生物在全球范围内的应用安全性。这些规范涵盖健康风险评估、环境影响监测以及国际间的协调与合作。

1. 健康风险评估的科学依据

健康风险评估是安全性检测标准的核心环节，主要关注转基因生物对人类健康的潜在影响。外源基因的表达产物是否具有毒性、过敏性或其他不良反应，是风险评估的重点内容。现代分子生物学技术为检测转基因产物的安全性提供了科学工具，包括高通量组学分析和生物信息学预测。

国际标准强调风险评估需基于多维度的数据，包括分子水平的检测、动物实验结果以及人群健康监测等。通过构建系统化的检测框架，研究者能够对转基因生物的健康风险进行全面量化，并为政策制定提供科学依据。

2. 环境影响监测的国际协调

环境影响监测是转基因生物安全性检测的另一个重要方面。国际规范要求在转基因作物的种植和推广过程中，对其给生态系统带来短期和长期影响进行动态监测。这些影响包括基因漂移、非目标物种的生态效应以及对生物多样性的潜在威胁。

通过引入国际协调机制，各国能够共享环境监测数据并制定统一的风险控制策略。这种跨国界的合作能够显著提高检测效率，同时减少因标准差异导致的贸易壁垒。

3．安全性检测技术的标准化与智能化

现代检测技术的标准化与智能化发展为国际规范的实施提供了技术支持。HTS和单细胞分析技术能够实现对转基因生物的精准检测，而智能化数据分析平台则为大规模样本的快速处理提供了可能。

国际组织通过推动检测技术的标准化应用，不仅提高了检测的科学性和可靠性，还促进了不同国家和地区之间的技术互通。这种技术驱动的规范化，为全球农业技术的可持续发展奠定了基础。

随着基因工程技术的不断进步，安全性检测标准需要持续优化和动态更新。未来的国际规范将更加注重科学性和包容性，特别是在新兴技术（如CRISPR系统）的安全评估方面。此外，通过引入大数据分析和AI技术，安全性检测将更加精准、高效和全面，为基因工程技术的全球推广提供更有力的支持。

第四节　小麦基因改良中的目标性状选择

一、目标性状的选择原则

小麦基因改良中的目标性状选择不仅决定了育种工作的方向，也直接影响作物生产的经济效益、生态适应性和市场竞争力。科学合理的目标性状选择需综合考虑农艺性状的经济效益、环境适应性与抗逆能力、品质性状的市场需求，以及目标性状的遗传可控性。基于现代研究成果，对这些原则进行系统分析将为小麦基因改良提供理论依据和技术支撑。

（一）农艺性状的经济效益

农艺性状是小麦基因改良的核心目标，其选择以满足现代农业高效生产的需求为导向，直接决定种植的经济效益。随着农业生产模式的变化和技术水平的提升，农艺性状的改良目标需涵盖高产、稳定性以及资源利用效率等多个维度。

1．高产性状的遗传改良方向

高产是农艺性状选择的首要目标，通过优化与生长发育、籽粒形成和养分积累相关的遗传机制，能够显著提升小麦的产量。研究表明，灌浆速率、光合作用效率以及籽粒灌浆期的基因调控是高产性状改良的关键路径。现代GWAS技术揭示了与高产密切相关的数量性状基因，为单产提升提供了明确的靶点。

2．资源利用效率的优化策略

农艺性状的经济效益还体现在资源利用效率的提升上。随着全球水资源和氮肥供给的约束加剧，选择能够高效利用水分和养分的小麦品种成为必然趋势。研究者通过对光合效率、根系吸收能力和代谢效率基因的解析，能够优化小麦在有限资源条件下的生产能力。这种以资源利用效率为导向的育种策略，为现代农业的可持续发展提供了科学依据。

3．与机械化种植的适应性

农艺性状改良的另一个重要方向是满足现代机械化生产的需求。适合机械化操作的小麦品种需具备抗倒伏、株型整齐和成熟度一致等特性。研究表明，抗倒伏性基因的解析和功能验证为小麦适应机械化种植提供了技术支持，同时通过MAS，能够加速优良品种的选育过程。

（二）环境适应性与抗逆性状

小麦的环境适应性和抗逆性状直接影响其在多样化生态条件下的种植稳定性。随着气候变化对农业生产的影响日益显著，选择具有强适应性和抗逆能力的目标性状成为小麦基因改良的关键方向。

1．抗逆性状的多维度优化

抗逆性状的选择需涵盖多种环境胁迫，包括干旱、高盐、低温和病虫害等。在干旱和盐渍化土壤中，选择调控水分利用效率和离子平衡相关基因的品种，能够增强小麦在逆境条件下的生长能力。此外，基因编辑技术对病虫害抗性基因进行精准调控，能够提高小麦的广谱抗病性，为稳定生产提供保障。

2．基因型与环境互作的动态分析

环境适应性改良需注重基因型与环境互作的动态评估。研究表明，通过GWAS和MET，研究者能够识别在多样化条件下表现稳定的优良基因型。这种结合生态环境与遗传特性的方法，不仅提高了育种效率，还为区域化种植提供了科学支持。

3．环境胁迫研究的前沿方向

现代农业研究正在探索结合表观遗传学和多组学数据的方法，以揭示环境胁迫下基因表达和代谢网络的动态变化。通过整合转录组、代谢组和表型组数据，研究者能够构建环境适应性的调控模型，为抗逆性状的多目标改良提供理论依据。

（三）品质性状的市场需求

品质性状的优化是小麦基因改良中直接面向市场需求的目标，其改良方向需结合食品工业的加工要求和消费者的多样化偏好。现代品质育种技术通过解析与蛋白质、淀粉和面筋性能相关的关键基因，为品质性状的精准优化提供了技术支持。

1．蛋白质与面筋性能的遗传解析

蛋白质含量和面筋性能是决定小麦品质的核心指标。研究表明，这些性状受多个主效基因和数量性状基因的协同调控。研究者通过基因编辑技术对这些基因的精准调控，能够实现蛋白质含量的提高以及面筋性能的优化，为高端食品加工需求提供科学支持。

2．区域化品质育种策略

小麦品质性状的改良需充分考虑区域市场的多样化需求。不同地区对加工品质的要求差异显著，目标性状选择需结合区域消费习惯和市场需求。GS技术能够快速识别并优化区域化品质基因，为多样化市场需求提供精准解决方案。

3．多组学技术的综合应用

多组学数据整合为品质性状的改良提供了全新视角。研究者结合基因组、转录组和代谢组数据，能够揭示品质性状的遗传调控网络及其与环境因子之间的复杂关系。这种结合多维数据分析的策略显著提升了品质育种的效率和精准性。

（四）目标性状的遗传可控性

目标性状的遗传可控性决定了育种效率和成果稳定性。现代遗传学研究通过对目标性状的基因调控机制和基因网络的深入解析，为目标性状选择提供了科学依据。

1. 性状遗传基础的解析

目标性状的遗传基础是遗传改良的核心内容。通过GWAS和功能基因组学研究，研究者能够识别与目标性状密切相关的主效基因及其调控元件。这些发现为性状改良提供了明确的遗传靶点，并为后续的MAS和基因编辑技术应用奠定了基础。

2. 多基因网络的协同优化

目标性状的遗传可控性还涉及基因网络的协同调控。研究表明，多基因网络的优化能够显著提升性状的遗传稳定性和多目标改良效率。通过构建基因网络模型，研究者能够量化基因间的动态互作，为复杂性状的多维度优化开辟新路径。

3. 遗传稳定性的环境依赖性

目标性状的遗传稳定性常受到环境因子的动态影响。研究者通过基因型与环境互作模型和MET，能够揭示环境因子对性状表达的调控作用，并筛选出适应性强且遗传稳定的优良种质。这种结合环境适应性和遗传控制性的目标性状选择方法，为小麦育种技术的持续发展提供了科学依据。

二、目标性状改良的技术路径

目标性状改良的技术路径是现代小麦育种的重要环节，其涉及基因功能解析、基因编辑技术的应用、分子标记辅助改良以及多性状协同优化的挑战与方法。研究者通过科学地选择和整合技术路径，能够高效实现小麦复杂性状的精准优化，为农业生产提供强有力的支持。系统梳理并深入分析这些技术路径，对推动小麦基因改良具有重要意义。

（一）基因功能解析的技术支撑

基因功能解析是目标性状改良的基础环节，其核心在于揭示目标性状的遗传机制以及功能基因的调控路径。现代基因组学技术的发展极大地提升了基因功能解析的效率与精度。

高通量基因组测序技术使小麦基因组的完整解析成为可能，为目标性状相关基因的鉴定奠定了基础。研究表明，GWAS和全GS能够高效识别与目标性状密切相关的基因位点。这些技术通过解析表型与基因型的关联性，揭示了性状遗传的内在规律，为性状改良提供了理论支撑。

功能基因组学研究进一步深化了对目标性状的遗传解析。研究者结合转录组学、蛋白质组学和代谢组学，能够揭示基因在转录、翻译及代谢层面的调控网络。利用基因敲除、过表达以及基因编辑技术，研究者能够验证关键基因的功能，为优化目标性状提供直接的遗传靶点。

现代生物信息学技术为基因功能解析提供了强大的数据分析能力。基于AI的基因网络建模技术能够整合多维数据，对复杂性状的调控机制进行系统分析。这种数据驱动的研究方法，为多目标性状的改良研究提供了全新的视角。

（二）基因编辑在目标性状优化中的应用

基因编辑技术为小麦目标性状的精准优化提供了高效工具。以CRISPR/Cas系统为代表的基因编辑技术，能够在基因组层面实现高精度的基因组修饰，其灵活性和多样性使其成为性状改良的核心手段。

基因编辑技术的主要优势在于其高效性和靶向性。该技术通过设计特异性向导RNA，能够靶向调控与目标性状相关的关键基因，从而实现基因敲除、基因插入或碱基替换等多种编辑方式。研究表明，基因编辑在抗病性状、品质性状以及环境适应性优化中的应用显著提升了小麦育种效率。

基因编辑技术的多功能化设计为性状优化提供了更多可能。该技术通过与转录调控因子或表观遗传修饰工具的结合，能够实现对目标基因的动态调控。此外，多靶点联合编辑策略显著提升了复杂性状的多维优化能力，为小麦多目标性状改良提供了科学依据。

现代基因编辑技术的发展方向在于优化编辑效率和扩展应用范围。通过开发高保真Cas变体和智能化编辑工具，能够进一步提升编辑特异性并降低脱靶效应。这种结合技术创新的改良方法，为小麦复杂性状的精准优化奠定了基础。

（三）MAS 的改良策略

MAS是对目标性状进行改良的传统且高效的技术路径，其通过分子标记与目标性状的紧密关联，为早代选择提供了科学依据。结合现代分子生物学技术，MAS在小麦育种中的应用范围进一步拓展。

标记开发的高效性是MAS技术进步的核心。通过高密度分子标记图谱的构建，研究者能够显著提升目标性状基因的定位精度。SNP标记的广泛应用使MAS技术更加高效和精准，为复杂性状的多目标改良提供了技术保障。

MAS与高通量表型技术的结合显著提升了目标性状的选择效率。研究表明，将表型数据与基因型数据整合，能够在大规模育种群体中快速筛选优良基因型。此外，GS技术的引入进一步拓展了MAS的应用范围，能够同时优化多个相关性状，为小麦综合性状改良提供了科学支持。

MAS技术的未来发展方向在于与基因编辑和表观遗传学技术的结合。研究者通过整合多种技术手段，能够显著提高复杂性状的选择效率和遗传稳定性，为目标性状的精准改良提供更加全面的解决方案。

（四）多性状协同改良的挑战与方法

多性状协同改良是小麦基因改良中的重要挑战，其复杂性源于性状间的负相关性和多基因网络的动态互作。研究者通过优化选择策略和技术手段，能够有效应对多性状改良中的科学难题。

性状间的负相关性是多性状改良的主要限制因素。研究表明，通过解析性状间的遗传关联网络，能够识别对性状平衡具有重要影响的关键基因。基于这些基因的精准调控策略，能够显著降低性状间的冲突风险，提升多目标性状的改良效率。

多基因网络的优化是实现多性状协同改良的关键。利用现代系统生物学工具，研究者能够构建多性状关联的动态调控网络，模拟不同基因的互作效应。通过基因编辑技术的精准干预，研究者能够实现对网络关键节点的优化，从而提升协同改良的科学性和稳定性。

现代数据分析技术为多性状改良提供了技术支持。基于AI和大数据的智能化选择平台，能够动态分析基因型与表型数据的关联性，并为多目标选择提供优化方案。这种结合智能化和数据驱动的改良方法，为小麦多性状协同优化开辟了全新路径。

三、小麦基因改良的未来方向

小麦基因改良的未来方向需要聚焦于新型目标性状的挖掘、环境变化的应对以及精准育种技术对性状改良的推动。科研人员结合前沿研究成果和技术创新，探索多维度性状改良路径，为应对全球粮食安全和生态挑战提供科学支持。

（一）新型目标性状的挖掘

新型目标性状的挖掘是现代小麦基因改良重要方向，其研究旨在满足未来农业多样化需求以及应对生态与经济挑战。传统育种以产量和抗逆性状为核心，而新型目标性状则涵盖更广泛的功能性和适应性特征，推动小麦育种进入多维优化的新阶段。

功能性状的拓展是新型目标性状挖掘的重点。随着消费者对粮食质量和营养需求的多样化，功能性状的改良从基础的营养指标向特定健康功能转变。这些功能性状的形成涉及复杂的基因网络与代谢路径，研究者通过整合多组学数据，能够全面解析相关调控机制，并为遗传改良提供明确的靶标。

新型目标性状的研究还需适应全球气候变化和资源紧缺的背景。高效水分和养分利用、高温抗性以及生态适应性增强等特性成为未来育种的重要目标。通过GWAS和MET，研究者能够识别出具备广泛适应性的优良种质，同时结合基因编辑技术，精准调控与环境胁迫相关的关键基因，为未来农业生产提供保障。

挖掘新型目标性状还需注重其遗传潜力的实际应用。多基因网络的解析和遗传相互作用的量化是实现功能性状优化的基础。研究者通过多维数据的动态整合，构建目标性状的调控网络，并在此基础上设计改良策略。这种多学科交叉的研究方法，将持续推动新型目标性状挖掘的效率和成果转化。

（二）目标性状选择与环境变化的应对

环境变化带来的气候和生态胁迫对小麦生产的稳定性提出了巨大挑战。通过目标性状的优化来增强作物对多变环境的适应能力，是小麦基因改良中的重要方向。现代技术的发展为应对环境变化提供了有效手段。

基因型与环境互作的解析是实现适应性改良的关键。研究表明，不同基因型对环境因子的响应存在显著差异，且这些差异在基因组层面具有明确的遗传基础。通过构建基因型—环境模型，研究者能够量化环境变化对性状表达的影响，并据此筛选在多样化条件下表现稳定的优良种质。结合MET和区域化育种策略，

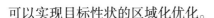

可以实现目标性状的区域化优化。

应对极端气候胁迫是环境变化下目标性状改良的另一重要方向。干旱、高温和盐碱等胁迫条件对小麦生产造成的影响不断加剧，研究者通过解析抗逆基因的调控机制，优化其在逆境条件下的表达水平，为应对极端环境提供解决方案。研究者结合现代基因编辑技术，能够高效实现抗逆性状的遗传优化，为未来农业生产提供强有力的支持。

目标性状选择与环境变化的应对还需结合生态可持续性原则。优化资源利用效率、增强作物生态适应性不仅是单一性状的改良，更是系统性目标的实现。现代系统生物学工具为解析复杂生态过程中的遗传调控提供了科学依据，通过动态模拟和数据整合，为提升小麦育种的生态适应性提供了全新视角。

（三）精准育种对目标性状改良的影响

精准育种技术的兴起为目标性状的改良带来了前所未有的突破，其通过整合基因编辑技术、多组学数据和智能化育种平台，实现了对复杂性状的高效优化。精准育种的核心在于提高育种效率和优化育种效果，使目标性状的改良更具科学性和实践性。

多组学数据的整合是精准育种的技术基础。通过将基因组、转录组、代谢组和表型组数据整合分析，研究者能够全面解析性状形成的遗传调控网络，为目标性状的优化提供全面视角。这种多维度数据驱动的方法，不仅提升了目标性状改良的效率，还增强了育种策略的科学性。

基因编辑技术在精准育种中的应用显著加速了目标性状的改良。通过CRISPR/Cas系统，研究者能够快速实现对目标基因的精准修饰，从而优化复杂性状的遗传基础。此外，结合多靶点编辑策略，能够实现性状间的协同优化，为复杂目标的综合性改良提供技术支持。精准育种的高效性和灵活性，使其在应对现代农业挑战中具有重要作用。

智能化育种平台为精准育种技术的实施提供了强大支撑。基于AI和机器学习的智能决策系统能够实时分析遗传和表型数据，为育种策略优化提供科学依据。借助高通量筛选技术和动态模拟工具，智能化育种显著提升了目标性状改良的效率与精度，为小麦基因改良的现代化发展开辟了全新路径。

第五节 分子育种的经济与生态效益

一、分子育种的经济价值

分子育种技术凭借其高效、精准的特点在现代农业中展现了巨大的经济潜力。通过优化高产性状、提升品质、改良抗病抗逆性状以及推动技术推广，分子育种技术显著提高了农业生产效率，增强了农产品市场竞争力，同时降低了生产成本。深入探讨分子育种在经济领域的价值，为其未来发展提供了科学依据和实践指导。

（一）高产性状育种的经济效益

高产性状是小麦育种的核心目标，其改良对农业生产效率和经济收益具有直接影响。分子育种技术通过精准调控与产量相关的关键基因，显著提升了单产水平，为保障粮食安全和农业经济效益的持续提升提供科学支持。

1. 提高单产潜力的遗传基础

单产潜力的提升是高产性状改良的首要目标。研究表明，灌浆速率、籽粒充实度和养分运输效率是影响小麦产量的关键因素，这些性状的遗传控制涉及复杂的基因网络和数量性状基因的协同调控。借助GWAS技术，研究者能够识别影响产量的主效基因及其调控元件，为精准育种提供明确的遗传靶标。

MAS技术的应用显著提升了高产性状改良的效率。结合分子标记的基因型数据，研究者能够快速筛选出具有高产潜力的育种材料，并在早代选择中应用，从而缩短育种周期。此外，研究者通过整合表型数据和基因型数据，能够实现多环境条件下的目标性状筛选，为区域化种植提供科学依据。

2. 高产与资源利用效率的协同改良

高产性状带来的经济效益不仅体现为单位面积产量的提升，还包括资源利用效率的优化。研究表明，水分利用效率、氮素吸收能力和光合作用效率是衡量高产与可持续发展的重要指标。分子育种技术通过解析这些性状的遗传机制，为资源高效利用品种的培育提供了理论依据。

资源高效利用品种的推广能够显著降低农业生产对自然资源的依赖，并减少化肥和灌溉成本，从而提升农业生产的经济效益。这种高产与资源利用效率协同优化的策略，为应对全球农业资源紧缺和环境压力提供了重要解决方案。

3. 机械化生产对高产性状的需求

机械化种植是现代农业发展的重要方向，这对作物的产量性状提出了新的要求。高产性状的改良需综合考虑株型、抗倒伏性和成熟度一致性等农艺性状的优化。这些性状的遗传改良能够显著提高机械化操作的效率，降低生产成本，同时确保产量的稳定性。

分子育种技术在机械化需求导向的高产性状改良中发挥了重要作用。研究者通过基因编辑技术对与抗倒伏性相关的基因进行精准调控，能够增强作物的茎秆强度，同时保持高产潜力。这种结合现代机械化需求的高产育种策略，为农业生产效率的全面提升提供了技术保障。

（二）品质改良对市场竞争力的提升

品质性状是小麦育种的重要目标，其改良程度直接决定了农产品的市场价值和与消费者需求的契合度。分子育种技术通过解析品质相关基因的调控机制，为品质性状的精准优化提供了科学方法，有助于增强农产品的市场竞争力。

1. 蛋白质含量与加工性能的优化

蛋白质含量是衡量小麦品质的核心指标，其水平直接影响到小麦的加工性能和市场接受度。研究表明，蛋白质合成与分解过程受到多个基因和调控网络的影响，通过GWAS技术，能够识别与蛋白质含量相关的关键基因，并进行定向优化。

现代基因编辑技术为品质性状的精准优化提供了有力支持。通过调控蛋白质代谢相关基因的表达，研究者能够在提升蛋白质含量的同时优化其氨基酸组成，从而提升小麦在加工过程中的性能。这种精准的品质优化策略，不仅提高了农产品的市场价值，还增加了种植者的经济收益。

2. 区域化品质育种的市场导向

不同区域市场对小麦品质的需求差异显著，因此品质性状的改良需充分结合区域市场的具体要求。分子育种技术通过区域环境试验和GS，能够快速筛选出适应特定区域市场需求的小麦品种。这种以市场为导向的品质育种策略，为满足多样化市场需求提供了科学依据。

研究表明，区域化品质育种的核心在于结合环境适应性与品质性状的综合改良。研究者通过解析品质基因与环境因子的交互作用，能够优化目标基因的表达调控，从而实现高品质种质资源的区域化应用。这种多目标选择方法，为小麦品质育种的现代化发展提供了技术支持。

（三）抗病抗逆性状的成本效益分析

抗病抗逆性状的改良是农业生产中提高产量稳定性、降低生产成本的关键因素。随着气候变化的加剧和病虫害的蔓延，改良作物的抗病抗逆性状已成为提高农业经济效益和实现可持续发展的重要途径。

1. 改良抗病性状的经济效益

病害是影响小麦产量和品质的主要因素之一，病害的发生不仅会影响产量，还会增加化学防治的成本。抗病基因的引入为替代化学防治提供了途径，从而显著降低农药使用频率和生产成本。抗病性状的改良使得农民能够减少对外部输入品（如农药和杀菌剂）的依赖，节省的成本直接转化为农业生产的经济效益。

利用精准的基因编辑技术，研究者能够识别与抗病性相关的关键基因并进行定向改良。通过这一技术，育种者能够培育出抗性强、稳定性高的新品种，显著降低由病虫害导致的产量波动。这不仅提高了农业生产的稳定性，还减少了由于病害防治导致的资源浪费和环境污染。

2. 改良抗逆性状的效益分析

抗逆性状的提升对于提高小麦在极端气候条件下的生长稳定性具有重要意义。随着气候变化加剧，极端天气事件（如干旱、盐碱化等）频发，作物面临的环境压力不断增大。抗逆性状的改良，通过提高作物对水分、温度、盐碱等不良环境条件的适应能力，能够显著提高其在恶劣环境下的生产力。

抗逆性状的改良不仅能减少因不良环境条件导致的产量损失，还能提高小麦对多种胁迫的综合耐受性，从而减少了应对环境不确定性所需的投入，例如灌溉和肥料投入，从而减少了生产成本，并提高了农业生产的经济回报。

抗逆性状的改良还与资源利用效率密切相关。提高水分利用效率和养分吸收能力，减少作物对资源的依赖，不仅优化了水资源和肥料的使用，也降低了农业生产的环境负担。研究者借助分子育种技术，精准提高作物对资源的使用效率，进一步增强了农业生产的经济效益和环境可持续性。

3．经济成本与长期回报

抗病抗逆性状的改良需要一定的初期投入，如基因组学研究、技术开发和实验验证等。但从长远来看，抗性状的提升将带来持续的经济回报。通过减少农药和化肥的使用、提高作物抗性稳定性及适应性，农业生产的长期成本显著降低。并且，抗逆性状提高后的作物能够在更为复杂多变的气候条件下稳定生长，避免因气候波动造成经济损失。

抗病抗逆性状的改良通过减少农民的管理成本和提升产量稳定性，显著提高了小麦种植的经济效益。随着分子育种技术的不断发展，成本效益分析的准确性和预测能力将不断提升，为农业生产提供更为科学的决策依据。

（四）技术推广对农业生产效率的贡献

分子育种技术的推广应用不仅是提高作物改良效率的关键所在，也直接影响农业生产的整体效率和经济效益。随着基因组学、基因编辑技术以及信息化管理技术的进步，育种技术的推广为农业生产提供了更多高效且可持续的方案，推动农业生产力的全面提升。

1．技术推广在提高育种效率中的作用

技术推广首先表现在提高育种效率上。分子育种技术能够精确定位目标性状的遗传基础，并通过GS或MAS等方式，加速优良品种的选育进程。研究表明，传统育种方法通常需要数代才能稳定地表现出目标性状，而分子育种技术则通过精准的基因修饰，使育种周期缩短，育种成果更为稳定。借助现代高通量筛选平台和数据驱动的决策工具，技术推广可以大幅提升育种速度和成功率。

此外，分子育种技术能够在大规模群体中实现精准选择。结合基因组信息与表型数据，研究者能够实时评估目标性状在不同群体中的表现，从而筛选出适应不同生态环境的优良种质。这种大规模精准选择为农业生产效率的提升奠定了坚

实基础。

2. 提高资源利用效率的影响

分子育种技术的推广不仅在提高产量方面展现了优势，还在资源利用效率的提升上发挥着重要作用。基因编辑技术通过精准调控水分利用效率、养分吸收能力等生理性状，优化作物对环境资源的利用。研究表明，通过提高水分利用效率和养分吸收效率，小麦作物能够在水土资源有限的情况下保持较高的产量，从而减少农业生产对自然资源的依赖，并降低生产成本。

随着气候变化，水资源需求日益增长，水资源管理变得尤为重要。分子育种技术通过培育高效用水的小麦品种，能够减少农业生产对水资源的依赖，提高灌溉效率，增强农业生产的可持续性。这种资源高效利用的技术推广，不仅提高了农业生产效率，还推动了绿色农业的发展。

3. 农业生产效益的长远提升

分子育种技术的广泛应用，使农业生产效率得到长远提升。新技术的引入使得作物的产量稳定性和资源利用效率不断优化，减少了环境因素对生产的负面影响，提高了作物适应性，最终推动农业生产的可持续发展。此外，随着技术不断普及，农业生产模式逐渐向智能化、数据驱动的方向发展，农民能够根据科学数据做出精准的生产决策，提升整体农田管理水平。

技术推广还带动了农业产业链的升级。基因育种技术的应用不仅在种植端提高了生产效率，还在食品加工、供应链管理等环节发挥了重要作用。通过提升小麦的加工品质和稳定性，农业产业链的整体效益得到增强，为农业经济的持续发展奠定了坚实的基础。

随着分子育种技术的不断推广，农业生产的整体效率将得到更为显著的提高，为全球农业发展带来新的动力。

二、分子育种的生态效益

分子育种不仅带来了显著的经济效益，也为生态效益的提升带来了新的契机。通过优化抗逆品种、减少化学投入、保护生物多样性以及推动精准育种在生态种植中的应用，分子育种技术为现代农业的可持续发展提供了强有力的技术支持。这些生态效益不仅有助于农业生产环境的保护，也为生态系统的长期稳定性提供了保障。

（一）抗逆品种对生态资源的保护

抗逆品种的培育是分子育种技术在生态效益方面的重要贡献之一。随着气候变化加剧，干旱、高温、盐碱化等不良环境因素对小麦生产的影响日益明显。利用分子育种技术，育种者能够培育出具有优异抗逆性状的品种，这不仅增强了作物对恶劣环境的适应能力，还为生态资源的保护开辟了有效途径。

抗逆品种的关键优势在于能够降低农业生产对水资源、土地资源和其他自然资源的依赖。水资源的高效利用是应对干旱和水资源匮乏的重要手段。抗旱性强的小麦品种能够在水资源紧张的地区稳定生产，从而降低对水源的过度依赖。此外，抗逆性品种还能通过改善根系系统的结构和功能，有效利用土壤中的水分和养分，提高土地利用效率。

在盐碱地和其他劣质土地上，抗盐碱品种的培育有助于恢复和保护这些生态资源。通过提高作物对盐碱的耐受能力，分子育种技术能够推动荒地的复垦和可持续利用，减少对优质耕地的过度开垦，进而保护了土壤生态系统的稳定性。

此外，抗逆品种的推广还可以减轻对环境的压力。通过提高作物的耐受性，减少了农业生产中对水、肥料和农药的依赖，降低农业生产过程中对自然资源的消耗，并减少农业活动对环境的负面影响。这种资源保护效应为农业可持续发展提供了有力的支持。

（二）分子技术降低化学投入的潜力

分子育种技术通过培育抗病、抗虫、抗杂草等性状，显著降低了农业生产中对化学物质的依赖。传统农业依赖大量化肥、农药和除草剂，不仅增加了生产成本，还对环境和生物多样性造成了不良影响。分子育种技术的应用，能够培育出高抗病性和高抗虫害性的小麦品种，减少了化学投入。

培育抗病品种能够减少病虫害对作物的威胁，从而降低了农药的使用频率。这种生态友好的做法降低了农业生产中的农药残留，提高了食品安全性。同时，减少农药的使用对于保护农业生态系统中的有益生物，如益虫、鸟类和土壤微生物，具有重要作用。农药过量使用对这些非目标物种造成的危害已成为全球农业生态面临的重要问题，分子育种技术通过抗病性状的改良有效缓解了这一状况。

抗虫性状的改良使作物能够在不依赖化学农药的情况下应对害虫的侵袭，从而减少了害虫对小麦生产的破坏。引入抗虫基因或增强植物的天然抗虫机制，能够减少作物对化学农药的需求，并降低虫害导致的经济损失。这不仅降低了农业生产成本，也为生态农业的推广提供了技术支持。

抗草害性状的培育同样能够减少除草剂的使用。杂草是小麦生长过程中的主要竞争者，通过基因改良增强作物对杂草的抑制能力，能够在不使用化学除草剂的情况下控制杂草生长，既减少了环境污染又降低了生产成本。

分子育种技术的应用，使农业生产向减少化学投入、降低环境负担的方向发展，不仅增强了农业的生态可持续性，也为食品安全提供了保障。

（三）生物多样性保护的育种贡献

生物多样性是农业生态系统的基础，其稳定性对农业生产的可持续性至关重要。基因工程育种通过提高作物的抗性和适应性，在不损害生态多样性的前提下保障农业产出的稳定性和可持续性。分子育种技术不仅关注目标性状的提升，还通过科学管理保护生物多样性，为生态农业发展提供支持。

研究表明，抗病、抗虫、抗逆性状的培育能有效减少农业生产对环境的负面影响，进而促进生物多样性的保护。例如，通过减少化学农药和肥料的使用，分子育种技术能够降低对非目标物种的伤害，保护农业生态系统中的有益物种。此外，开发抗虫性作物，能够减少害虫对作物和生态系统的破坏，降低物种间的负向竞争。

生态友好型作物的推广有助于提升农业生产中的基因多样性，并为物种的进化提供支持。分子育种技术使作物能够在不同环境条件下稳定生长，增强了其生态适应性，同时通过多样化的基因库积累，提升了作物品种的丰富性。

此外，基因保护库的设立为生物多样性保护提供了技术支持。通过对小麦种质资源的保护与利用，分子育种技术能够确保小麦遗传资源的多样性和基因库的长期稳定，为全球农业的多样性和粮食安全提供保障。

（四）精准育种在生态种植中的应用

精准育种是通过高效的遗传改良手段，优化目标性状并适应环境变化的育种策略。在生态种植中，精准育种的应用不仅有助于提高作物的抗逆性、提高资源利用效率，还能够减轻农业生产给环境带来的压力，为农业生态系统的长期稳定提供支持。

精准育种技术的核心在于GS和基因编辑技术的结合。这些技术能够针对环境变化和生态压力，进行基因组层面的精准调控，从而提升作物在逆境中的表现。在生态种植的背景下，精准育种能够帮助作物更好地适应土壤、气候以及病虫害等环境因素的变化，从而减少农业生产中对外部资源的依赖，增强农业的自给自足能力。

精准育种技术的应用不仅提升了作物产量，还能够降低对化肥、农药等的依赖，从而减少环境污染和生态破坏。在农田生态系统中，精准育种通过优化资源分配和利用，使农业生产在不损害环境和生态系统的情况下持续发展。

精准育种技术在农业生产中的应用，能够实现生态种植系统的多元化和可持续发展。精准育种不仅优化了作物的产量和抗性，还推动了资源的高效利用和生态环境的保护，进一步提升了农业生产的经济和生态效益。

分子育种技术通过提升抗逆性、减少化学投入、保护生物多样性和推动精准育种等途径，显著提高了农业生产的生态效益。这些技术的应用不仅为作物改良提供了新思路，也为农业生态系统的可持续发展提供了保障，推动了现代农业向绿色、可持续方向迈进。

第四章

抗病性育种研究与实践

第一节 小麦主要病害的种类与分布

一、小麦主要真菌病害

小麦的真菌病害种类繁多，具有较强的地域性和季节性，不同种类的病害在不同地区、不同气候条件下表现出不同的流行特点。这些病害不仅直接影响小麦的产量和质量，还可能因减少抗病性基因的多样性，影响小麦品种的长远发展。以下将详细分析五种主要的小麦真菌病害，探讨其特征、流行规律及防治策略。

（一）锈病及其分类与流行特点

锈病是小麦最为常见且危害严重的真菌性病害之一。锈病由多种不同的锈菌引发，主要包括小麦条锈病、叶锈病和茎锈病等。小麦锈病的流行具有明显的季节性，通常在春季和秋季较为严重，尤其是在温暖湿润的环境下。根据发生部位和症状，锈病可以分为不同的类型：条锈病主要危害小麦的叶片，叶锈病则影响到小麦的叶片和茎部，茎锈病则主要危害小麦的茎秆和穗部。

锈病主要是通过风力传播病原孢子，这些孢子能够在短时间内传播至广泛地区，导致大范围的病害。近年来，由于全球气候变化，锈病的流行范围不断扩大，部分地区的病害暴发频率逐年上升。此外，病害的耐药性也在逐渐增强，导致防治难度加大。为此，科学家在育种过程中，致力于选育抗锈病的小麦品种，并通过农田管理、化学防治等手段进行综合控制。

（二）白粉病的危害与分布

白粉病是由小麦白粉病菌引起的一种真菌性病害，在干燥温暖的环境中较为多发。该病害的主要特征是小麦叶片上出现一层白色粉状物质，病斑逐渐扩大，最终导致小麦叶片枯萎。白粉病不仅影响小麦的光合作用，阻碍作物的生长，还可能导致小麦籽粒发育不良，降低产量和质量。

白粉病主要通过空气中的病原孢子传播，这些孢子可以借助风力或雨水，在较长距离内传播。在气候温暖、干燥的地区，白粉病常常在春季或初夏暴发，尤其是当小麦处于高温干旱的生长周期时，病害易于蔓延。近年来，随着气候变化的加剧，白粉病的分布范围不断扩大。为了防控白粉病，当前的研究重点包括对白粉病菌的病理学研究、抗病品种的选育以及合适的农田管理措施。

（三）黑穗病的生态特性

黑穗病是一种由小麦黑穗病菌引起的真菌性病害，主要表现为小麦穗部的感染，病原菌侵入后导致小麦籽粒发育不正常，最终形成黑色的病菌子实体。该病害具有极强的危害性，一旦发生，会显著降低小麦的产量，甚至导致整株小麦死亡。黑穗病的分布具有明显的区域性，主要出现在温暖湿润的地区。

黑穗病主要是通过带有病原菌的种子或病残体传播。黑穗病的病菌还能通过土壤中的孢子进行传播，并在适宜的环境条件下繁殖。黑穗病的防治通常依赖于抗病品种的选育、病源管理以及农田轮作等措施。当前，科研工作者在黑穗病的生态特性、传播机制以及防治方法方面开展了大量研究，以期通过科学的病害管理策略，有效控制该病害的发生。

（四）赤霉病的流行规律及危害

赤霉病是由小麦赤霉病菌引起的真菌性病害，主要表现为小麦的穗部感染。赤霉病不仅会导致小麦籽粒的发育异常，还会使得籽粒受到霉菌毒素的污染，影响小麦的品质和安全性。赤霉病的流行受多种因素的影响，包括气候条件、品种抗性、农田管理等。

赤霉病的发生通常与温暖湿润的气候条件密切相关，尤其是在小麦生长的后期，当小麦穗部处于成熟阶段时，湿度较高的环境会促进病菌的传播。赤霉病的传播途径主要是通过风力和水流传播病原孢子，在小麦的穗部形成新的感染源。防治赤霉病的策略主要包括选育抗病品种、合理使用化学农药以及改进农田管理措施。

（五）纹枯病的分布与发病条件

纹枯病是一种由小麦纹枯病菌引起的真菌性病害，主要侵害小麦的叶片和茎部，导致植株的营养吸收受阻，最终影响小麦的生长和发育。纹枯病的发病条件主要包括适宜的气候、土壤湿度和栽培方式等。通常，在气候温暖且湿润的环境下，容易引发纹枯病且蔓延速度较快。

纹枯病主要通过土壤中的病原菌孢子和带病残体传播。在栽培密度过大、通风透光条件差的农田中，病害容易加重，导致大面积的小麦植株感染。防治纹枯病的方法主要是选育抗病品种、优化农田管理以及合理施肥等。

通过对小麦主要真菌病害的分析可知，这些病害的发生和流行规律具有显著的地域性和季节性。随着气候变化的加剧和农业生产方式的转变，真菌病害的威胁也在越来越大。因此，制定科学的防控措施，选育具有抗病性的品种，推广综合防治策略，已经成为当前小麦生产中至关重要的课题。

二、小麦主要细菌病害

小麦作为全球最重要的粮食作物之一，在生长过程中易受到多种细菌病害的侵袭。细菌病害不仅直接影响小麦的生长发育和产量，还可能影响小麦的品质，尤其是在储存过程中产生的病变，会影响食品安全。随着农业生产环境的变化以及种植技术的不断发展，小麦细菌病害的发生情况和防治策略也在不断变化。下文将探讨小麦主要细菌病害的种类、发生特点、危害机制及防控策略，结合现代前沿研究成果，旨在为科学合理的病害防治提供理论支持和实践指导。

（一）细菌性条斑病的发生与影响

细菌性条斑病由多种细菌引起，主要表现为小麦叶片上出现条状病斑，病斑的形态、分布和扩展速度与病原菌种类、气候条件及小麦品种的抗性密切相关。细菌性条斑病的发生与环境因素密切相关，通常在高湿度和适宜温度的条件下暴发，尤其是在降水较多且温暖的季节，病害更容易蔓延。该病害通过水分、风力、昆虫等媒介传播，病菌在田间传播速度较快，一旦发生，可能导致大片小麦叶片枯萎，严重时会影响整个田块的产量。

细菌性条斑病通常借助带菌种子、灌溉水或雨水溅射的方式传播。此外，空气中的细菌孢子也能借助风力传播到较远的地方。在病斑的扩展过程中，病菌会通过小麦植株的伤口侵入组织，造成进一步的危害。随着病情的加重，小麦植株的营养吸收能力会大幅下降，最终导致小麦的生长发育受阻，产量和品质严重下降。

针对细菌性条斑病的防控，现代研究倡导采用综合防治策略。种植抗病品种、合理轮作、优化灌溉与通风条件以及及时清除病残体等措施，可以有效降低病害发生的概率。同时，化学防治也被广泛应用，尤其是一些高效、低毒的细菌性农药，如铜制剂和含硫药剂，可以有效抑制细菌的生长与传播。

（二）细菌性黑斑病的分布与特点

细菌性黑斑病由细菌性黑斑病菌引起，主要表现为小麦叶片上出现黑色的病斑，病斑周围有明显的黄色晕圈。细菌性黑斑病对小麦的危害较为严重，尤其在小麦的生长后期，一旦发生，将严重影响小麦的叶绿素合成和光合作用，最终导致小麦植株的枯萎和产量下降。

细菌性黑斑病的分布广泛，尤其在气候温暖、湿润的地区。病原菌通过土壤、灌溉水以及带菌的种子传播，容易在密集栽培的小麦田间快速传播。细菌性黑斑病的病原菌不仅能够借助空气中的水滴传播，还能通过农具或其他设施等机械方式传播至新的田块。由于其传播速度快、危害大，所以细菌性黑斑病对小麦的影响不容忽视。

防控细菌性黑斑病的策略主要包括育种抗病品种的开发、优化种植密度、加强田间管理以及使用适当的化学防治手段。近些年，随着分子生物学技术的进步，研究者利用基因组学和分子标记技术，深入探究小麦与细菌性黑斑病的作用机制，推动了抗病品种的选育与应用。

（三）细菌性枯萎病的危害特性

细菌性枯萎病是由细菌性枯萎病菌引起的一种致命性小麦病害，通常表现为小麦植株黄化、枯萎甚至死亡。该病害在小麦的生长早期和中期较为常见，病原菌通过根系侵入植物体内，影响小麦的水分和养分运输，最终导致植株死亡。

细菌性枯萎病主要是通过病菌感染的种子和土壤传播。病原菌能在土壤中存活并通过根系侵染，导致病情加重。此外，病菌还可通过灌溉水或农具传播。细菌性枯萎病的发病条件通常为土壤湿度较大、温度适宜以及土壤酸碱度适中，这些因素为病原菌的繁殖和传播创造了有利条件。

防控细菌性枯萎病的关键在于土壤管理和作物轮作。在进行病害防治时，应选用抗病品种、进行土壤消毒以及合理控制灌溉方式，避免过度浇水或使用未经消毒的种子。化学防治可以使用一些特定的抗菌药剂，但由于病菌的变异性较强，单一的药物防治效果较差，因此需要结合其他措施进行综合防治。

（四）细菌病害的防控策略

细菌性病害的防控主要依赖于综合防治的方法，包含预防、监测、控制和治疗等多方面。随着科技的发展，针对细菌性病害的防治已经从传统的化学防治逐渐过渡到综合性的生物防治与农业管理。预防是细菌病害防治的首要措施，其中最为关键的是选择抗病品种和优化农业管理措施。

在农业管理方面，合理的轮作制度和土壤管理至关重要。合理的轮作，可以减少病菌在土壤中的积累，降低细菌性病害的发生风险。此外，合理的水肥管理和种植密度控制，也有助于改善小麦生长环境，降低病害的传播概率。

生物防治作为一种新型的病害防治手段，近年来得到了广泛关注。利用生物制剂如益生菌、拮抗微生物等进行土壤改良和病原抑制，能够有效减少细菌性病害的发生。这种方式既能减少化学农药的使用量，又能提高土壤的健康水平，促进农业可持续发展。

化学防治仍然是细菌性病害防控中不可或缺的一部分，尤其在病害暴发初期，使用高效、低毒的细菌性农药可以迅速控制病害蔓延。然而，单纯依赖化学防治容易使病菌产生抗药性，因此，当前的研究重点是开发新型药物并探索其与生物防治措施的结合，构建更加有效的综合防治体系。

细菌性病害的防控面临多方面的挑战，尤其是在全球气候变化的背景下，病原菌的种类、分布以及抗药性等特征不断变化。因此，现代农业必须借助前沿科技手段，持续完善病害监测和预警系统，结合生物学、生态学、分子生物学等多学科的成果，形成科学、有效的病害防控体系。

通过上述分析可以看出，小麦的细菌病害种类繁多，且具有较强的地域性和季节性。随着农业生产方式的转变以及气候条件的变化，细菌性病害的防治面临新的挑战。因此，推动病害防控技术的创新，增强小麦抗病性，已经成为当前农业生产中至关重要的课题。

三、小麦病毒病害的种类与影响

小麦病毒病害是全球小麦生产中的重要限制因素之一。病毒性病害对小麦的生长发育、产量和品质均有显著影响，且具有高度的地域性与季节性。随着农业生产方式的改变以及全球气候变化，小麦病毒病害的分布和影响也在不断变化。对小麦病毒病害的研究不仅有助于深入理解病毒与宿主之间的作用，还能为制定更加有效的病害防控策略提供理论支持和实践指导。下文将探讨小麦病毒病害的种类、传播机制及其影响，分析不同病毒病害对小麦的危害特性，并进一步探讨当前病毒病害的综合防治措施。

（一）小麦矮缩病毒的传播机制

小麦矮缩病毒（WDV）是一种重要的小麦病毒病原，属于短小病毒科。该病毒通过蚜虫、跳蚤、跳虫等昆虫媒介传播，属于传物性病毒，传播途径与环境的变化密切相关。WDV在全球范围内均有分布，在温暖湿润的地区其危害更为严重。

WDV通过侵染小麦的叶片、茎秆等组织，导致植物生长受阻，植株矮小，叶片发黄，最终影响小麦的正常发育与光合作用。病毒感染的主要症状表现为小麦植株的矮缩，严重时，甚至导致小麦植株死亡，产量大幅下降。WDV的传播机制与气候条件密切相关，在温暖干燥的季节，蚜虫的繁殖速度较快，会加速病毒的传播。

WDV的防控措施主要依赖于对蚜虫的控制。通过定期监测蚜虫的种群动态，合理使用杀虫剂，以及种植抗病小麦品种，可以有效减少病毒的传播。此外，合理的作物轮作和田间管理也能够显著降低矮缩病毒的发生概率。现代的基因组学和分子生物学技术，尤其是基因编辑技术，为WDV的防控提供了新的方向和思路。

（二）黄色花叶病毒的流行特点

黄色花叶病毒（WYMV）是由一种双链RNA病毒引起的小麦病毒性疾病，广泛分布于亚洲、欧洲和北美等地区。该病毒主要通过虫媒传播，尤其是由蚜虫传播。小麦感染WYMV后，叶片出现明显的黄色条纹，影响小麦的光合作用，使小麦生长受到抑制，最终影响产量。

WYMV的流行特点与气候密切相关。在高温高湿的气候条件下，蚜虫的数量迅速增加，病毒的传播速度和范围也随之扩大。病毒感染小麦的初期症状较轻，通常表现为叶片上出现不规则黄斑或黄色花纹，但随着病情的发展，黄化现象愈加严重，最终导致小麦植株的生长停滞，甚至死亡。

WYMV的防控主要通过抑制蚜虫的传播来实现。选择抗病品种、及时喷洒农药控制蚜虫、加强田间管理等手段，可以有效减少病毒的传播和感染。此外，轮作和清除病残体等方法也能起到一定的防控作用。随着科技进步，分子生物学技术，尤其是基因组学研究，为WYMV的防治开辟了新途径，如通过精准基因编辑和MAS，可以增强小麦的抗病能力。

（三）病毒病害的综合防治途径

小麦病毒病害的防控面临诸多挑战，其中最为重要的是病毒的高传染性及其依赖于昆虫媒介的传播方式。单一的防治措施往往效果有限，因此，综合防治成为当前病毒病害管理的主要方式。综合防治病毒病害的策略包括病原防控、宿主管理和环境调控三个方面。

在病原防控方面，主要通过减少病毒的传播途径来降低病害发生的概率。防控蚜虫、跳虫等传播媒介是有效遏制病毒传播的关键措施。化学农药的使用是常见的防控手段，但过度使用农药可能带来抗药性和环境污染等问题。因此，结合生物防治，如利用益生菌或昆虫天敌来控制蚜虫数量，是一种更加可持续的防治策略。

在宿主管理方面，选育抗病小麦品种是防控病毒病害的根本措施之一。通过分子育种技术，科学家已经成功培育出多个抗病毒小麦品种，这些品种能有效降低病毒的感染程度，减少病害对小麦产量的影响。同时，合理安排种植密度，避免过密栽培和提高作物的健康水平，也是防治病毒病害的重要措施。

环境调控同样在病毒病害防治中起着至关重要的作用。优化种植环境，增强作物的抗逆性，可以减少病毒的感染概率。例如，改良土壤质量、控制水分管理等，能够为小麦的健康生长提供有利条件，降低病毒的侵入风险。此外，合理的农田管理，及时清除病残体，也能够有效减少病害的发生。

随着科学技术的进步，病毒病害的防控策略逐渐向着精准化、智能化的方向发展。大数据、遥感技术和基因组学的应用，使得病毒病害的预警系统逐步完善，能够实时监控病害的发生和蔓延，并提供准确的防控建议。

小麦病毒病害的防治依赖于多方面的努力和技术的结合。在未来的研究中，随着病毒病害的不断演变，科学家们必须不断推动病毒传播机制的深入研究，创新防控技术和方法，以应对小麦病毒病害带来的挑战。

四、全球范围内病害分布特点

随着全球气候变化、农业生产模式的转型以及国际贸易的频繁往来，小麦病害的分布格局也发生了显著变化。全球范围内，小麦病害的发生和传播受到气候条件、土壤类型、作物管理实践以及外部环境因素的共同影响。不同地区和气候带的小麦病害种类、流行模式、传播途径均具有显著差异，这给全球粮食生产和安全带来了新的挑战。下文将深入探讨全球范围内小麦病害分布的气候驱动因素，全球化对病害传播的影响，以及主要病害在不同区域的流行模式与跨区域病害管理面临的挑战。

（一）病害区域分布的气候驱动因素

小麦病害的发生与气候紧密相关，气温、湿度、降水量及季风等气候因素对小麦病害的分布、发展速度以及严重程度具有重要影响。随着全球气候变化，病害的分布模式也在发生显著变化，这种变化直接影响全球小麦的生产和安全。气候变化主要通过以下几个方面影响小麦病害的分布。

1. 气温变化

气温是小麦病害发生的重要驱动因素之一。温暖的气候条件有利于病原体的存活和繁殖，尤其在春夏季节，当温度适宜时，病原菌的繁殖速度通常较快。高温气候不仅有利于病原的侵染，还可能改变小麦植株的生长周期，进而影响病害的暴发周期。随着全球气温升高，一些原本局限于温暖地区的病害开始向更高纬度地区扩展。

2. 降水和湿度

降水量和湿度是影响小麦病害，尤其是真菌性病害的关键因素。湿润环境有利于真菌孢子的传播和繁殖，尤其是在秋冬季节或多雨季节，病害暴发的风险较高。在一些高纬度地区，气候变暖可能导致降水增多和较高的湿度，促进了真菌病害的传播。

3．季风和风力

风力是病害传播的关键因素之一。季风和强风能在较短时间内传播病原孢子，导致病害快速扩散。此外，风力强劲的地区，特别是在台风和风暴多发的区域，病害的传播距离和速度也显著增加。全球气候变化导致的气候极端事件频发，使得病害的传播途径和强度不再局限于传统的区域模式。

气候驱动因素的变化，不仅影响了小麦病害的地域分布，还加快了病害的蔓延速度，扩大了其影响范围。随着气候带的变动，部分病害从热带和亚热带地区扩展到了温带地区，甚至高纬度地区也开始面临原本不常见的病害威胁。

（二）全球化对病害传播的影响

全球化背景下的国际贸易、人员流动以及农业生产体系的高度一体化，极大地加速了小麦病害的传播。小麦及其病害的全球性传播，受多个因素的共同作用，主要体现在以下几个方面。

1．种子与农产品贸易

随着全球化的深入，小麦种子及其农产品的贸易日益频繁。带病种子、种苗或其他植物产品的进出口，成为小麦病害传播的主要途径之一。国际间的贸易虽然为粮食供应链带来了便利，但也让病害能够跨越国界，甚至在大洲之间传播。随着贸易量的增加，病原体能够借助植物和种子在不同地区之间迅速传播，导致新的病害暴发。

2．人员流动与农业技术传播

随着劳动力和技术在全球范围内流动，农民、农业工人和专家的跨国移动成为病毒、细菌和真菌病害扩散的另一重要途径。随着农业技术的交流和农业机械设备的转移，病原体有时会附着在农机、工具及运输工具上，在不同地区间传播。此类传播方式不仅是直接的农产品和种子贸易，甚至还可能通过运输工具、仓储和包装等环节间接传播。

3．农药和病害防治技术的国际化

农药和其他病害防治技术的使用也逐渐全球化，尽管先进的防治技术在一定程度上有助于控制病害，但不规范的农药使用和防治方法的滥用，也可能导致抗药性病原体的出现。抗药性病害的扩散进一步加大了病毒、细菌、真菌等病害的防治难度。

全球化使得病害传播不再局限于某个特定区域，病原体可以通过人类活动迅速跨越国界传播，影响全球小麦生产。随着国际间的联系日益紧密，跨国界的病害管理、监测和防控，成为保障全球粮食安全的重要组成部分。

（三）主要病害的区域流行模式

不同地区由于气候、土壤、农业管理等的差异，小麦病害的流行模式呈现出显著的区域特征。病害的流行不仅受到气候条件的制约，还受到当地农业种植习惯、作物管理水平和生态环境等因素的影响。主要小麦病害在不同区域的流行模式通常表现为以下几个特征：

1．温带地区的病害模式

在温带地区，由于气候条件适宜，湿润的环境有利于真菌性病害生长。因此，温带地区的小麦病害通常以真菌性病害为主，如锈病、白粉病和纹枯病等。气候较冷的冬季通常会限制部分病害的传播，但随着气候变暖，一些病害的冬季存活率逐步提高，蔓延范围也在逐步扩大。

2．热带与亚热带地区的病害模式

在热带和亚热带地区，由于高温、高湿的气候特点，细菌性病害和病毒病害的发生率较高。由于这些地区的病原体存活时间长、繁殖速度快，小麦病毒病害、细菌性枯萎病及小麦矮缩病等更为常见。病害的传播往往因昆虫媒介和气候湿润的环境条件而加剧。

3．干旱地区的病害模式

在干旱地区，由于水分有限，部分真菌性病害的发生频率较低。然而，气候变化引发的极端天气事件，如干旱与暴雨的交替，也会对小麦病害的分布造成影响。干旱区域的病害模式较为特殊，细菌病害在这些地区可能由于水分不足而不易传播，但高温和局部降雨可诱发病毒性病害。

随着气候变化的进一步加剧，各地区的病害流行模式也发生了变化。原本局限于某些区域的病害开始向新的区域扩展，导致了跨区域病害的流行。例如，曾经在热带和亚热带地区流行的某些细菌性病害和病毒性病害，随着气候的变化，开始向温带地区扩散，给农业生产带来了新的挑战。

（四）跨区域病害管理的挑战

随着小麦病害的跨区域传播，跨区域病害管理成为全球小麦病害防治中的关键问题。跨区域病害管理面临一系列挑战。

1．信息共享与协作不足

各国和地区的农业生产体系、病害防治政策和管理手段存在较大差异，导致在全球范围内的小麦病害防控合作与协调工作较为薄弱。信息共享机制的不健全，使得病害的监测和预警难以在全球范围内实现实时更新，加大了病害防控的难度。

2．抗药性与病害适应性

全球化加剧了病原体的遗传变异和抗药性的发展，部分病原菌已经对现有的农药和防治技术产生了抗药性，导致防治效果大打折扣。病害在不同地区的适应性不同，某些病害可能在特定的区域内表现出很强的适应性，加大了跨区域防控的难度。

3．资源分配与政策协调

在跨区域病害防治中，各国的资源分配和政策协调难度较大。不同地区对病害的重视程度和投入资源不同，导致全球范围内的病害防控工作缺乏统一的战略和协调机制。

面对这些挑战，需要通过国际合作和技术交流、共享病害监测信息，推动跨区域的小麦病害防控机制建设。同时，加强抗药性监测与管理，培育新型抗病小麦品种，以及完善病害防治的全球政策，已成为当前全球农业生产中亟待解决的重要课题。

第二节　抗病基因的发现与利用

一、抗病基因的挖掘与鉴定

抗病基因的发现与鉴定是现代植物育种领域中的关键步骤，对于提升作物抗病性、保障粮食安全具有重要意义。随着分子生物学和基因组学技术的迅速发展，抗病基因的挖掘与鉴定不再局限于传统的表型观察和杂交育种，而是借助分子标记技术、基因组学分析和基因编辑等手段，推动了抗病基因的发现进程、精确定位与功能研究。下文将探讨抗病基因的遗传来源、分子标记的开发、小麦抗病基因库的建立、基因定位及候选基因的验证，为进一步增强小麦抗病性提供理论依据和技术支持。

（一）抗病基因的遗传来源

抗病基因是植物抵抗病原侵染的关键因子，其遗传来源主要有三个：野生种、栽培种以及基因突变。植物通过自然选择和进化，积累了大量的抗病基因资源，这些基因能够帮助植物应对多样的病原菌。了解抗病基因的遗传来源对于抗病育种具有重要意义，可以为作物品种的改良提供丰富的基因资源。

1．野生种的抗病基因

野生种在长期的自然选择过程中，已逐渐适应了当地的病害压力，积累了丰富的抗病资源。野生小麦种，尤其是其近缘种，常常包含一些抗病基因，这些基因具有较强的抗病作用，能够有效抵抗各种病原菌。通过基因转移和基因组学分析，研究人员能够将野生种中的抗病基因导入栽培小麦中，增强小麦的抗病能力。

2．栽培种的抗病基因

栽培种由于长期的人工选择，其抗病性通常较弱，但仍蕴含了一些抗病性较强的基因。这些基因通常与农艺性状密切相关，能够在一定程度上提高作物的抗病性。在现代育种中，通过栽培种间的杂交以及基因工程手段，研究人员不断发掘和筛选具有良好抗病性的小麦品种。

3．基因突变与转基因

抗病基因的突变通常是植物抗病性进化的重要途径。在自然条件下，抗病基因可能发生突变，从而增强植物的抗病性。此外，转基因技术的应用也为抗病基因的发现和利用开辟了新途径。将抗病基因直接导入栽培种，可以加速抗病性品种的培育进程。

抗病基因的遗传来源多样，为小麦抗病育种提供了丰富的资源。研究人员通过多种途径的整合，可以提高抗病性育种的效率，并推动抗病性品种的快速推广和应用。

（二）抗病基因的分子标记开发

分子标记技术是现代植物育种中不可或缺的重要工具。研究人员通过开发和应用与抗病基因相关的分子标记，能够精确识别目标基因，促进抗病基因的定位、验证和转移。分子标记为抗病基因的挖掘与鉴定提供了便捷的途径，显著提升了育种效率。

1. RFLP、SSR 和 SNP 标记

这些传统的分子标记技术在抗病基因的鉴定中应用广泛。标记通过识别基因组中多态的DNA片段，可以帮助研究人员定位与抗病相关的基因区域。SSR标记则是通过检测小麦基因组中反复出现的序列，分析与抗病性相关的基因组变异。SNP标记技术可以通过检测小麦基因组中单个碱基的变异，识别和定位抗病基因。

2. HTS 技术

随着HTS技术的不断发展，RNA-seq和全WGS已成为抗病基因研究的得力工具。研究人员通过对小麦基因组进行深度测序，可以发现潜在的抗病基因，并结合GWAS技术，进一步筛选与抗病性相关的基因标记。HTS不仅为抗病基因的挖掘提供了高效方法，还为抗病基因的分子机制研究提供了基础数据。

3. GWAS

GWAS通过对大规模的基因型数据和表型数据的关联分析，寻找与目标性状相关的基因和标记。在小麦抗病基因的挖掘中，GWAS已成为一种重要的研究方法。通过分析大量小麦品种的表型和基因型数据，研究人员能够识别与抗病性相关的基因区域，并开发出相应的分子标记。

分子标记的开发不仅提高了抗病基因挖掘的精确性，还加速了抗病性育种的进程。通过MAS，育种人员可以更加高效地筛选出具有抗病性的小麦品种，提升作物的抗病能力。

（三）小麦抗病基因库的建立

随着抗病基因研究的不断深入，小麦抗病基因库的建立成为抗病性育种的重要基础。抗病基因库是由各种具有抗病性的基因、基因型以及相关资源组成的集合，能够为抗病基因的挖掘、验证和转移提供丰富的资源。小麦抗病基因库的建立，不仅为小麦抗病育种提供了遗传材料，还给予了抗病性研究资源支持。

1．基因资源的收集与保存

建立小麦抗病基因库的首要步骤是收集具有抗病性的遗传资源。研究人员通过对野生小麦种、栽培品种以及近缘种的调查和收集，可以建立一个覆盖广泛、类型多样的抗病基因资源库。随着基因组学技术的发展，越来越多的小麦抗病基因被识别和定位，这些基因的挖掘与保存为后续的育种工作提供了强有力的支持。

2．基因组信息的整合与利用

小麦抗病基因库的建设不仅仅是基因资源的简单收集，更重要的是对这些资源进行基因组学分析与整合。通过对小麦基因组的深度解析，结合抗病性表型数据，研究人员可以筛选出具有潜力的抗病基因，并将其纳入基因库中。这一过程的实现需要基因组学、遗传学、分子生物学等多学科的协同合作。

3．基因库的功能性评估与应用

小麦抗病基因库的建立不仅仅是一个遗传资源的收集过程，还包括对这些资源的功能性评估。通过对基因库中不同抗病基因的功能分析，研究人员可以评估其在不同环境条件下的表现，并选择具有良好抗病性的基因进行育种应用。这要求科学家们结合小麦的生态特性和不同病害的流行规律，进行系统的评估和筛选。

小麦抗病基因库的建立，为小麦抗病育种提供了重要资源，为抗病基因的快速发现、筛选和应用奠定了基础。随着基因库的不断完善，其在小麦抗病性改良中的作用将愈加重要。

（四）基因定位与候选基因验证

基因定位是挖掘抗病基因的重要步骤，通过准确定位抗病基因，可以为抗病基因的应用提供精确依据。抗病基因的定位不仅仅是基因型的标记识别，还需要通过候选基因的验证，确认其在抗病性中的实际功能。

1．抗病基因的定位方法

基因定位技术是通过研究基因组中标记和目标性状之间的关联，来确定抗病基因的位置。随着高分辨率标记技术的进步，基因定位的准确性和效率不断提高。现代基因组学工具，如全WGS、GWAS等，为抗病基因的精确定位提供了技术支持。

2．候选基因的验证

完成基因定位后，需要对候选基因进行功能验证。研究人员通过基因编辑、转基因以及基因沉默等技术，可以验证候选基因是否在抗病性中发挥关键作用。功能验证的结果将直接影响抗病基因的应用前景。

研究人员通过基因定位和候选基因的验证，可以进一步明确抗病基因的作用，并为小麦抗病育种提供精准的基因资源。这一过程不仅提高了抗病基因研究的精度，也加速了抗病育种的实际应用。

抗病基因的挖掘与鉴定是现代小麦育种中的关键环节。随着分子生物学、基因组学等技术的进步，小麦抗病基因的研究不断深入，为全球粮食安全和农业可持续发展带来了新的希望和解决方案。

二、抗病基因功能解析

抗病基因的功能解析是现代植物抗病育种的核心内容之一。随着基因组学、转录组学和蛋白质组学等技术的不断发展，研究者对抗病基因的作用机制、信号传导途径、表达调控网络以及分子基础有了更加深入的理解。小麦等重要作物的抗病基因功能解析不仅揭示了植物如何在复杂的环境条件下识别和应对病原侵染，也为抗病育种提供了理论指导。下文将深入探讨抗病基因的作用机制、信号传导途径、基因表达的调控网络，以及抗病基因对病害反应的分子基础，为小麦抗病基因的有效利用提供科学依据。

（一）抗病基因的作用机制

抗病基因的作用机制是植物抵抗病原入侵的核心。抗病基因通过编码特定的蛋白质，直接或间接地发挥其抗病功能。多数抗病基因通过触发植物免疫反应来限制病原的传播，保障植物在遭受病害时能正常生长与存活。抗病基因通常可以分为几类，其中最重要的是NBS-LRR类基因和受体激酶类基因。

1．NBS-LRR 类基因的作用机制

NBS-LRR基因是植物免疫系统中的关键基因，其编码的蛋白质通过形成复合体与病原的效应因子结合，从而激活植物的免疫反应。NBS-LRR基因通常分为两类：一类通过识别病原效应因子激活植物的防御反应；另一类则通过与植物内部的其他分子相互作用，触发后续的免疫反应。NBS-LRR基因通过启动后续的防御反应，诱导植物细胞中的病原降解机制，进而提高植物的抗病能力。

2. 受体激酶类基因的作用机制

受体激酶类基因在植物抗病中的作用主要体现在通过感知外界信号，调控植物的免疫反应。这些受体蛋白通常位于细胞膜上，能够识别病原菌的入侵信号，并通过磷酸化作用启动植物内部的防御反应。受体激酶基因在免疫反应中发挥着重要作用，通过调节防御信号的传递，帮助植物有效抵抗病原菌入侵。

抗病基因的作用机制与植物的免疫系统紧密相关，植物通过不同类型的抗病基因相互作用，形成复杂的免疫反应网络来应对不同的病原菌。深入研究这些基因的功能机制，有助于揭示植物抗病性提升的潜在途径。

（二）抗病信号传导途径

抗病信号传导途径是指植物在遭受病原菌侵染时，通过一系列复杂的信号传导启动免疫反应的机制。植物的免疫反应可分为两类：一个是病原相关分子模式（PAMPs）介导的模式识别免疫（PTI），另一个是效应因子介导的效应免疫（ETI）。这两类免疫反应通过一系列的信号传导途径协同工作，帮助植物抵御病原菌。

1. PAMPs 识别与 PTI 免疫反应

PAMPs是病原微生物表面特有的分子模式，例如细菌的鞭毛、真菌的几丁质等。当植物通过受体激酶类基因识别这些PAMPs时，立即触发PTI反应。这一过程通过磷酸化级联反应启动，包括激活细胞膜上的信号通路、启动防御基因的表达，并激发植物的防御反应，如产生抗微生物蛋白和抗性化学物质。

2. 效应因子与 ETI 免疫反应

当病原体利用效应因子直接攻击植物细胞时，植物内部的NBS-LRR类抗病基因能够识别效应因子，激活更强烈的ETI反应。ETI反应通常较PTI反应更为剧烈，能够迅速限制病原菌的进一步扩散。效应因子引发的免疫反应通常伴随着细胞死亡，这是植物通过程序性细胞死亡抑制病原菌扩散的一种策略。

3. 二次信号传导途径

在识别PAMPs和效应因子之后，植物体内还会通过激活其他次级信号分子，如过氧化氢（H_2O_2）、钙离子（Ca^{2+}）以及一氧化氮（NO）等，来调控免疫反应。这些次级信号分子在不同的免疫反应中发挥着关键作用，通过调节免疫相关基因的表达，协调植物防御反应的强度和范围。

抗病信号传导途径的研究揭示了植物如何通过多层次的信号网络来识别和应对不同病原菌的入侵。这一研究不仅加深了我们对植物免疫机制的理解，也为抗病基因的功能解析和应用提供了理论支持。

（三）抗病基因表达的调控网络

抗病基因的表达调控是植物抗病反应的核心环节。植物通过复杂的转录调控网络调节抗病基因的表达，在遭受病原菌侵害时快速启动防御反应。抗病基因的调控网络不仅涉及转录因子的调控，还包括非编码RNA、表观遗传修饰等多方面因素。

1. 转录因子的作用

转录因子是调节抗病基因表达的重要分子，通过与抗病基因的启动子区域结合，启动基因转录。在植物的免疫反应中，多种转录因子参与调控抗病基因的表达。例如，WRKY、NAC、MYB等转录因子在调控抗病基因表达方面发挥重要作用。这些转录因子不仅对抗病基因的启动有直接作用，还参与调节植物在病害压力下的整体反应。

2. 非编码RNA的作用

近年来的研究表明，非编码RNA在植物抗病基因的表达调控中起着越来越重要的作用。miRNA和lincRNA等非编码RNA能够通过与目标基因的mRNA结合，抑制其表达或促进其降解，从而调节抗病反应。通过调控这些非编码RNA，植物能够精确控制免疫反应的强度和持续时间，避免过度反应造成的能量浪费。

3. 表观遗传修饰的作用

植物抗病基因的表达还受到表观遗传修饰的调控。DNA甲基化、组蛋白修饰等表观遗传变化能够影响抗病基因的启动和表达。通过对表观遗传机制的研究，科学家可以揭示抗病基因在不同环境条件下的变化规律，为抗病育种提供新的思路。

抗病基因表达的调控网络是一个极其复杂的过程，涉及多层次的分子机制。深入研究抗病基因的调控网络，有助于理解植物应对病原菌侵袭的策略，并为抗病育种提供理论支持。

（四）抗病基因对病害反应的分子基础

抗病基因通过一系列分子机制来响应病害，调控植物的免疫反应。研究抗病基因的分子基础，有助于揭示植物如何识别病原菌并启动防御反应的过程。这些机制涉及病原识别、信号转导、基因表达以及细胞反应等多个方面。

1. 病原识别机制

植物通过受体蛋白感知病原菌入侵的信号，进而启动免疫反应。受体蛋白能够识别PAMPs或效应因子，触发植物免疫反应。抗病基因通过编码这些受体蛋白来参与病原的识别过程，发挥先导作用。

2. 免疫反应的分子基础

植物的免疫反应涉及一系列分子机制，包括细胞壁的加固、抗菌物质的合成、病原抑制因子的释放等。这些反应通过抗病基因的激活来调控，保证植物在遭遇病原菌时能够迅速响应，并有效阻止病害蔓延。

3. 病害抑制机制

抗病基因不仅通过激活免疫反应来增强植物的抗性，还能通过直接抑制病原的扩展来保护植物。通过改变细胞内环境或激活程序性细胞死亡，抗病基因能够有效抑制病原菌的生长和繁殖，从而实现对病害的控制。

抗病基因对病害反应的分子基础研究揭示了植物在应对病原菌入侵过程中的复杂分子机制。科学家对这些机制的深入研究，可以为提高植物抗病性、改善作物生产提供科学依据。

对抗病基因功能的解析，不仅丰富了植物免疫学的理论体系，也为抗病育种提供了重要的技术支持。通过深入理解抗病基因的作用机制、信号传导途径、表达调控网络及分子基础，科学家能够为小麦等作物的抗病性改良提供更为精准和高效的策略。

三、抗病基因的育种应用

抗病基因的育种应用是增强作物抗病性、保障农业生产安全的重要方法。随着分子生物学和基因工程技术的迅猛发展，抗病基因在育种中的应用不仅限于传统的杂交育种方法，还结合现代基因编辑技术、GS和MAS等手段，形成了多样化的育种策略。通过对抗病基因的有效转移、累加、应用和创新，育种者能够培育出具有高抗病性的作物品种。下文将深入探讨抗病基因在作物育种中的应用，分析其在区域品种中的作用、杂交育种中的利用方式，以及基因编辑技术在抗病基因开发中的核心作用。

（一）抗病基因的转移与累加

抗病基因的转移与累加是作物抗病性改良的基本策略之一。在育种过程中，通常采用传统的杂交育种方法将目标抗病基因从抗病性强的亲本转移到作物品种中。经过多代选育和表型评估，逐步实现抗病基因在目标品种中的积累，最终培育出具有优良抗病性的品种。

1. 抗病基因的转移过程

抗病基因的转移通常通过杂交育种或转基因技术实现。在传统杂交育种中，育种者选择具有抗病性的亲本，利用杂交手段将抗病基因引入目标作物种质中。转基因技术则直接插入目标抗病基因，绕过传统育种中的杂交步骤，迅速将抗病基因引入栽培品种。这些转基因作物通常会携带一个或多个抗病基因，能够有效增强作物的抗病性。

2. 基因累加的效果

在抗病基因的累加过程中，逐代选择携带抗病基因的个体并利用回交等方法，将抗病性基因逐步积累到目标品种中。累加多个抗病基因，能够形成更为强大的抗病性。这种方法不仅适用于单个抗病基因的转移，也能够在一个品种中同时积累多个抗病基因，从而增强作物对多种病原菌的抗性。

3. MAS

随着分子标记技术的发展，MAS成为抗病基因转移和累加的有效工具。通过在基因组中开发与抗病性相关的分子标记，育种者可以在早期选择出携带目标抗病基因的个体，大幅提高育种效率。MAS能够加速抗病基因的转移和积累，缩短育种周期，增强作物抗病性。

抗病基因的转移与累加为作物抗病性育种提供了强大的支持，通过有效地引入抗病基因并进行多代累加，能够显著提高作物的抗病能力，为粮食生产的稳定和高产提供保障。

（二）抗病基因在区域品种中的应用

抗病基因的应用不仅仅是作物品种的抗性提升，还需要根据不同区域的病害特点和气候条件，合理选择和应用抗病基因，以实现不同区域小麦等作物的抗病性改良。区域品种的抗病基因应用涉及病害的区域分布、气候变化及当地农业生产的实际需求等因素。

1．区域特异性抗病基因的选择

不同地区的病害种类和流行规律不同，抗病基因应根据目标区域的病害类型和发生频率来选择。通过对区域病害的调查和分析，育种者能够挑选出最适合该区域的抗病基因，最大程度地提升作物的抗病性。例如，一些地区的病害以锈病为主，而其他地区可能受到白粉病或赤霉病的严重威胁。因此，在区域育种中，育种者需结合具体病害的发生趋势和抗病基因的适应性，采取合适的抗病基因应用策略。

2．气候变化对抗病基因应用的影响

气候变化是当前全球农业生产面临的重大挑战之一。随着气候的变化，某些病害的分布范围可能发生改变，导致不同地区出现新病害或现有病害的扩散。因此，在区域品种的抗病基因应用中，需要考虑未来气候变化对病害分布的影响，提前布局并选育具备广谱抗病性的小麦品种。这要求育种者对区域气候变化趋势进行深入分析，并结合当地病害的动态变化调整抗病基因的选择策略。

3．跨区域育种与抗病基因共享

随着农业全球化的推进，不同地区之间的作物品种交流日益频繁。区域品种的抗病基因应用不再局限于某一地区，还可以通过跨区域育种和抗病基因共享，实现多个区域的小麦等作物抗病性提升。育种者通过基因共享与多样化选择，可以在全球范围内推广抗病基因的应用，进一步保障全球粮食生产的稳定。

抗病基因在区域品种中的应用，不仅能够提升作物在特定地区的抗病性，还能够根据区域特定病害的特点进行精准的抗病基因选择，为农业生产提供更为可靠的抗病性保障。

（三）抗病基因在杂交育种中的利用

杂交育种是作物改良的传统且有效的手段，通过亲本的杂交，可以将不同来源的抗病基因引入新一代品种中，从而提升作物的综合抗性。在杂交育种过程中，抗病基因的有效利用是提高作物抗病性的重要手段。

1．抗病基因的杂交整合

通过杂交育种，将携带不同抗病基因的亲本进行杂交，可以使后代品种拥有多个抗病基因，从而增强作物的抗病性。杂交育种能够实现抗病基因的整合，培育出既具有较强抗病能力，又具有良好农艺性状的新一代品种。此外，杂交育种还能够通过多次回交与筛选，进一步固定抗病基因，增强其在新种质中的表达效果。

2．抗病基因的协同作用

在杂交育种中，不同来源的抗病基因往往表现出协同作用，即多个抗病基因在一个作物品种中共同发挥作用，从而提高其抗病能力。基因间的协同作用使作物能够对不同类型的病原菌产生抗性，这对于提高作物的抗病性和抵抗多重病害具有重要意义。通过精细的杂交设计和系统的基因定位，育种者能够在一个品种中实现多基因抗病性。

3．MAS

MAS是提高杂交育种效率和精度的有效方法。借助MAS，育种者可以在杂交过程中通过标记筛选出携带抗病基因的个体，加速抗病性品种的选育过程。MAS不仅能够加速抗病基因的筛选，还能够在育种过程中对抗病基因的遗传稳定性进行监控，提高育种的成功率。

抗病基因在杂交育种中的应用，有效增强了小麦等作物的抗病性，特别是在多病原环境下，杂交育种通过引入多个抗病基因，提升了作物的广谱抗性，满足了复杂农业环境下的抗病需求。

（四）基因编辑技术在抗病基因开发中的作用

基因编辑技术，尤其是CRISPR/Cas9技术，已经成为植物育种领域的革命性工具。基因编辑技术使得育种者能够精准地编辑目标基因，以增强作物的抗病性。基因编辑抗病基因的引入、修饰与优化可以实现更高效的抗病性提升。

1．精准编辑抗病基因

基因编辑技术能够精准地定位小麦基因组中的抗病基因，并对其进行修改或增强。例如，借助CRISPR/Cas9技术，育种者可以在小麦基因组中精确地插入、删除或突变与抗病性相关的基因，提升作物的抗病能力。这种方法具有高度的精准性，相比传统育种方法，能够更快获得抗病性较强的小麦品种。

2．多基因抗病性提升

基因编辑技术可以同时编辑多个抗病基因，实现在一个品种中同时引入多重抗病性。通过多基因编辑，小麦品种不仅可以抵御一种病害，还能抵御多种病原菌，显著提升其抗病能力。多基因抗病性提升对于应对复杂的病害环境具有重要意义。

3．减少转基因育种的争议

与传统的转基因技术不同，基因编辑技术的应用一般不会引入外源基因，而是通过修改已有的基因来提升作物性能，这使得基因编辑作物在公众接受度上具有优势。此外，基因编辑技术还能够更精确地调控基因表达，避免了转基因作物中可能出现的基因突变和不确定性问题。

基因编辑技术的引入，为抗病基因的开发和应用开辟了新道路。精准的基因编辑，能够有效提升作物的抗病性，为全球农业生产提供更为高效、可持续的解决方案。

抗病基因的育种应用，结合现代分子育种技术、GS、杂交育种和基因编辑技术，已经成为作物抗病性改良的核心内容。这些技术的合理应用，能够培育出抗病能力更强的小麦品种，从而保障农业生产的稳定与粮食安全。

第三节　抗病性分子标记的开发与应用

一、抗病性分子标记的种类

抗病性分子标记是现代植物育种中的重要工具，通过分子标记，能够加速抗病性状的选育和改良的进程。分子标记技术的进步不仅促进了作物抗病基因的定位，还为抗病育种提供了高效的方法，提升了育种的精准性与速度。抗病性分子标记主要包括SSR标记、SNP标记、基于HTS的分子标记开发，以及特异序列标签（STSL）标记等。这些标记具有不同的特性与应用优势，在抗病性状的育种过程中起着至关重要的作用。下文将深入探讨这些抗病性分子标记的种类及其在抗病育种中的应用。

（一）SSR标记的应用

SSR标记，又称微卫星标记，是指小麦等作物基因组中由串联重复的短DNA序列组成的标记。SSR标记的特点在于其高变异性和遗传稳定性，广泛应用于植物育种、基因定位及抗病性状分析。SSR标记的分析依赖于基因组中这些特定重复序列的多态性，在不同的品种或群体中呈现出不同的重复模式和长度。

1.SSR标记的变异性和稳定性

SSR标记在植物基因组中有广泛分布，特别是在非编码区域，具有较高的变异率。通过对SSR标记的分析，研究者可以检测到不同品种或种群间的遗传差异，这种差异与抗病性状之间的关联提升了育种改良的潜力。由于SSR标记的遗传稳定性较高，它们可以在多个世代中稳定传递，适用于长期的遗传研究与育种过程。

2.SSR标记在抗病性状中的应用

在抗病性状的分析中，SSR标记常常被用于群体遗传分析，帮助研究者定位与抗病性相关的基因区域。研究者通过标记与抗病性状的关联分析，可以找到与抗病性状显著相关的SSR位点，为抗病基因的定位和功能验证提供理论依据。此外，SSR标记也常用于亲本筛选和作物品种的遗传多样性评估，为抗病性状的改良提供遗传资源支持。

3.SSR标记的局限性

尽管SSR标记在植物遗传学研究中具有广泛应用，但也存在一定的局限性。比如，SSR标记对于某些区域的基因组可能缺乏足够的标记信息，而在某些群体中多态性可能较低，这影响了标记的效率。随着高通量基因组学技术的发展，SSR标记的应用逐渐与其他高密度标记技术相结合，以弥补其不足。

（二）SNP标记的优点

SNP是指在基因组中单个核苷酸位置的变异，是目前最为常见的遗传变异形式。SNP标记应用广泛，尤其在作物的抗病性状研究中，SNP标记因其高密度、高通量和低成本的优势，成为分子标记技术中的重要工具。

1.SNP 标记的高密度和高通量

SNP标记的优势之一是其在整个基因组中具有广泛分布，能够提供高密度的标记。这使得SNP标记成为开展GWAS和GS等大规模分析的重要工具。通过对小麦等作物全基因组的SNP标记进行分析，研究人员可以全面了解作物的基因组特征及抗病性状的遗传背景。

2.SNP 标记的低成本与高效性

与其他分子标记技术（如SSR和RFLP）相比，SNP标记的开发和检测成本较低。随着HTS技术的发展，SNP标记的应用成本大幅降低，在大规模作物育种和抗病性状分析中的应用更加广泛。同时，SNP标记能够在多个基因组层次进行检测，提高了标记检测的效率和精确性。

3.SNP 标记的广泛应用

SNP标记广泛应用于小麦等作物的抗病性状分析。通过SNP与抗病性状的关联分析，研究人员可以识别出与抗病性相关的基因位点，进而为抗病基因的定位、筛选和功能验证提供数据支持。在抗病育种中，SNP标记也被广泛用于MAS，帮助育种者快速筛选出携带抗病基因的优良品种。

4.SNP 标记的挑战

尽管SNP标记具有显著优势，但其在某些特定情况下也面临挑战。由于SNP位点之间的连锁不平衡和遗传背景的复杂性，部分SNP标记可能无法准确地反映抗病性状的遗传效应。因此，SNP标记的有效性往往需要结合其他分子标记技术或全基因组信息进行综合评估。

（三）基于 HTS 的分子标记开发

随着基因组学和测序技术的发展，基于HTS的分子标记开发成为现代植物育种中的重要技术手段。HTS技术能够在短时间内生成大量的基因组数据，使标记开发的效率和精准度大幅提高。基于HTS的标记开发主要包括WGS、RNA-Seq等方法。

1.HTS 在标记开发中的应用

通过HTS技术，研究人员可以获取全基因组的详细信息，并从中提取大量的SNP、INDEL等遗传变异，作为分子标记进行育种分析。HTS技术能够提供高覆盖率的基因组信息，为基因定位和抗病基因筛选提供精准数据。此外，HTS技术还可以用来分析与抗病性状相关的基因表达模式，进一步优化抗病性状的分子标记。

2.WGS 与 RNA-Seq 的结合

结合WGS与RNA-Seq，研究人员可以获取更加全面的遗传信息。这一策略不仅有助于定位与抗病性状相关的基因位点，还能通过转录组数据分析识别参与抗病反应的关键基因。分析这些基因的表达变化和遗传变异，能够提供更多高效的分子标记，助力抗病性状的快速筛选和选育。

3.HTS 技术的挑战与前景

尽管HTS在标记开发中展现了巨大的潜力，但其高成本、数据分析的复杂性和高质量数据获取的难度仍然是当前面临的挑战。随着测序技术的不断发展和成本的降低，基于HTS的分子标记开发将在抗病性状分析中发挥越来越重要的作用。

（四）STSL 标记

STSL是一类针对特定物种或群体中特定区域的标记。STSL标记通过设计针对特定基因或基因区域的引物来实现，具有较高的特异性和可靠性。STSL标记在抗病性状的研究中应用广泛，尤其适用于通过筛选与特定抗病基因相关的序列来进行标记开发。

1.STSL 标记的特异性

STSL标记的主要优势在于其较高的特异性。与一般的分子标记不同，STSL标记能够针对小麦等作物基因组中特定的病害抗性基因区域开发，从而大大提高标记的准确性和效能。STSL标记可以精确定位与抗病基因相关的特定区域，为抗病基因的研究和功能验证提供有力支持。

2.STSL 标记在抗病基因定位中的应用

STSL标记通常与抗病基因的定位紧密相关。利用与抗病基因密切相关的区域开发特异性标签，研究人员可以对抗病基因进行精确定位。这种精确的定位为抗病基因的进一步研究和育种提供了可靠的数据支持。

3.STSL 标记的局限性

尽管STSL标记具有较高的特异性和精确度，但在实际应用中也面临一些挑战。由于STSL标记依赖于特定区域的基因信息，在基因组信息较为匮乏或复杂的物种中，其开发的难度较大。此外，STSL标记的开发过程较为复杂，要求具备较高的技术水平。

抗病性分子标记种类的不断创新，为抗病性育种提供了多样化的技术手段。通过SSR标记、SNP标记、HTS和STSL标记等技术的应用，育种者能够更加高效、精准地进行抗病性状的筛选与改良抗病性状。随着标记技术的不断进步，抗病性分子标记的开发将进一步推动作物抗病性育种的发展。

二、分子标记与抗病性状关联分析

分子标记与抗病性状的关联分析是植物育种和抗病性研究中的关键环节。通过分析分子标记与抗病性状之间的关系，研究人员能够定位与抗病性状相关的基因位点，为抗病育种提供精准的遗传工具。随着统计学方法、基因组学技术和大数据分析的发展，抗病性状的标记定位和GWAS已成为抗病基因研究的常用手段。在这一过程中，合理应用关联分析的统计方法、标记定位、群体改良以及基因组关联映射（GWA mapping）技术，不仅能揭示抗病性状的遗传基础，还能加速抗病基因的发现和应用。下文将探讨关联分析的统计方法、抗病位点的标记定位、关联分析在群体改良中的应用以及GWA mapping在抗病性状研究中的实际应用。

（一）关联分析的统计方法

关联分析是通过检测不同分子标记与抗病性状之间的关系，寻找影响抗病性的基因位点。进行关联分析时，选择合适的统计方法至关重要。随着高通量数据的积累和计算能力的提升，统计方法已从传统的遗传学模型逐渐发展到多维度、全基因组的复杂统计模型。

1．方差分析和卡方检验

方差分析（ANOVA）是最常用的统计方法之一，主要用于评估不同基因型对抗病性状的影响。在抗病性状的关联分析中，ANOVA能够帮助比较不同基因型之间的抗病性差异，揭示标记与性状的关联程度。卡方检验则常用于检测标记的基因型频率与抗病性状的显著性关联，尤其适用于遗传标记的二元分析（如抗性/感病性）和单倍型分析。

2．GWAS

GWAS是一种基于高密度分子标记和大规模群体的统计分析方法，能够在全基因组范围内检测与抗病性状相关的基因位点。GWAS通过分析表型数据与基因型数据之间的关系，能够识别显著的基因位点。近年来，随着技术的进步，GWAS已成为抗病基因研究的主流方法，能够高效、准确地识别多基因控制的抗病性状。

3．数量性状位点

数量性状位点（QTL）分析主要通过将标记与抗病性状的表型数据结合，识别影响该性状的主要基因区域。QTL分析能够提供抗病性状遗传的定量信息，揭示抗病基因的效应大小、遗传距离及与其他基因的交互作用。常用的统计方法包括回归分析、MLM和Lasso回归等，这些方法有助于识别复杂的数量性状及其调控机制。

4．机器学习方法

随着大数据和复杂数据模型的兴起，机器学习方法被引入抗病性状的关联分析中。机器学习能够处理更大规模的数据集，进行多维度特征分析，并预测不同标记与抗病性状的潜在关联。支持向量机（SVM）、随机森林、深度学习等算法为GWAS提供了新的视角和方法，极大地提高了标记与性状关联分析的准确性和效率。

综合采用这些统计方法，研究人员能够精确定位与抗病性状相关的基因位点，为后续的分子标记开发、抗病基因筛选以及育种提供理论和数据支持。

（二）抗病位点的标记定位

抗病位点的标记定位是通过分析标记与抗病性状的关联，确定潜在的抗病基因及其在基因组中的位置。这一过程是分子标记辅助育种的重要环节，对于提高抗病基因的定位精度和筛选效率具有重要意义。

1．遗传图谱的构建与标记定位

构建遗传图谱是抗病位点标记定位的基础。研究人员通过选择与抗病性状相关的分子标记（如SSR、SNP等），结合表型数据，可以构建与抗病性状相关的遗传图谱。遗传图谱能够显示标记与抗病性状之间的遗传距离，进而帮助确定与抗病性状相关的基因位点。高密度标记图谱能够提供更精确的基因定位，并有助于发现控制抗病性状的关键基因区域。

2．QTL分析与标记定位

QTL分析常用于对抗病性状的标记定位，尤其是在具有显著抗病性的作物种质中。通过QTL分析，研究者可以识别出与抗病性状相关的多个基因位点。这些位点通常分布在基因组的不同区域，并通过复杂的遗传交互作用影响抗病性。在抗病育种中，QTL分析不仅有助于定位抗病基因，还能够识别调控基因表达的因子，为后续的育种工作明确目标。

3．单基因抗性标记定位

对于具有单基因控制的抗病性状，借助关联分析可以迅速定位相关抗病基因。这种单基因抗性标记的定位通常较为简单，且结果易于解读。在基因定位过程中，将标记与抗病表型数据进行关联，能够精准识别抗病基因，并推动相关基因的深入研究与应用。

4．多基因抗性标记的定位与聚合

与单基因抗性不同，多基因抗性是指抗病性状受多个基因的影响。在进行多基因抗性标记的定位时，通常采用GWAS和QTL分析相结合的方法，运用统计分析和群体遗传学工具识别与抗病性状相关的多个位点。在育种过程中，将这些多基因抗性标记聚合到同一品种中，可以显著提高作物的抗病能力。

标记定位技术的应用使得抗病位点的识别更加精准，帮助育种者在早期筛选出具有抗病性状的个体，提高育种的效率和成功率。

（三）关联分析在群体改良中的应用

群体改良是植物育种中的重要策略之一，旨在通过筛选具有优良抗病基因的个体，提升品种的抗病性。关联分析在群体改良中的应用，使得育种者能够精准地识别抗病性状的遗传基础，并借助分子标记加速改良过程。

1．MAS与群体改良

MAS是利用分子标记加速育种过程中抗病性状筛选的有效工具。通过综合抗病性状的表型数据与分子标记，MAS能够帮助育种者在群体中迅速筛选出携带抗病基因的个体，从而加速抗病性状的选育。MAS在群体改良中的应用，不仅提高了抗病性状的选择精度，还缩短了育种周期。

2．GS 与群体改良

GS是一种基于基因组数据的选择方法，它能够利用全基因组标记信息预测个体的育种值。在群体改良中，GS通过预测每个个体的抗病潜力，加速抗病性状的积累。与传统的MAS相比，GS能够在群体中同时选择多个性状，极大地提高改良效率。

3．群体遗传结构与标记选择

群体遗传结构的分析是群体改良中的一个重要环节。通过分析群体中的遗传多样性、连锁不平衡等特征，研究者可以了解不同群体中抗病性状的遗传分布，从而优化标记选择策略。在群体改良中，标记选择策略应结合群体的遗传结构，调整选择标准，提高抗病性状的累积速度。

（四）抗病性状的 GWA mapping

GWA mapping是通过高密度分子标记与抗病性状的关联分析，来发现控制抗病性状的基因位点。GWA mapping能够提供抗病基因组信息，有助于揭示与抗病性状相关的基因及其调控网络。

1．高通量数据与基因组映射

GWA mapping依赖于高通量基因组数据和精确的表型信息。结合高密度SNP标记与抗病性状，研究人员能够在全基因组范围内扫描抗病性状的遗传基础，识别相关的基因位点。GWA mapping能够提供高分辨率的基因组数据，从而揭示抗病性状的遗传调控机制。

2．多基因位点的检测与抗病性状的优化

借助GWA mapping，研究人员不仅可以发现单个抗病基因，还可以识别多个抗病基因位点。多个抗病基因的协同作用是提高抗病性的关键。在抗病性状的优化过程中，GWA mapping为抗病基因的联合筛选提供了数据支持，为作物的抗病性状改良提供了科学依据。

通过分子标记与抗病性状的关联分析，研究人员能够更加精准地进行抗病性状的定位、筛选和改良，加速抗病育种的进程。这一过程为作物抗病基因的发现和应用提供了强有力的支持，也为抗病性状的进一步研究和精准改良奠定了

基础。

三、分子标记在抗病育种中的应用

分子标记技术为抗病育种提供了精准、高效的工具，能够加速抗病性状的筛选、定位和改良。在传统育种方法中，抗病基因的转移往往依赖于表型观察和长期筛选，而MAS、基因堆叠、标记模型预测等现代技术手段则为抗病性状的改良带来了前所未有的效率和精度。通过这些技术，育种者不仅能够快速识别抗病基因，还可以通过精确的基因组合提高作物的抗病性。下文将详细探讨分子标记在抗病育种中的具体应用，分析其在不同育种策略中的作用，包括MAS、基因堆叠、抗病性状预测模型的构建和多性状标记选择的协同优化等。

（一）分子标记辅助选择技术

MAS是现代植物育种中的关键技术之一，能够帮助育种者通过分子标记筛选出具有优良抗病性的个体，显著加快育种进程。MAS的核心优势在于通过基因型分析直接筛选抗病基因，而非依赖于传统的表型鉴定，从而缩短了选育周期，减少了环境影响，提高了抗病育种的效率。

1. MAS 的基本原理与应用

MAS基于植物基因组中与抗病性状相关的分子标记进行选择。这些标记可以是与抗病基因位点紧密相连的遗传标记，如SNP、SSR等。这些标记与目标抗病性状的表型数据的结合，使育种者能够在初期选择阶段就识别出携带抗病基因的个体。与传统的抗病性状选择方法相比，MAS不仅提高了筛选的准确性，还能更快地获得具有抗病性的种质资源，特别是当病害周期长或环境不稳定时，MAS的重要性更为凸显。

2. MAS 在抗病基因转移中的应用

在抗病育种中，MAS技术可以帮助育种者利用分子标记跟踪抗病基因的转移。例如，在将抗病基因从野生种或亲本引入高产栽培品种时，MAS能够有效地追踪目标基因，确保在育种过程中抗病基因的顺利转移。通过MAS，育种者可以避免在育种后期才发现抗病基因未被有效转移的情况。

3. MAS 在多基因抗病性状中的应用

对于多基因控制的抗病性状，MAS同样具有重要的应用价值。多基因抗病性状的改良通常比单基因抗性更为复杂，但借助MAS技术，可以通过筛选多个与抗病性状相关的标记，进行多基因的累加，提高作物的整体抗病能力。通过这种方式，育种者能够将多个抗病基因同时引入同一品种中，从而实现对多种病害的抵御。

4. MAS 的局限性与挑战

尽管MAS在抗病育种中具有显著的优势，但仍面临一些挑战。首先，标记开发需要足够的遗传图谱信息和表型数据支持，尤其是在复杂病害的防控中，MAS的效果可能受基因型—环境交互作用的影响。此外，MAS技术的普及需要高质量的分子标记和标准化的技术平台，这对某些作物而言仍是难题。

（二）基因堆叠与抗病性状改良

基因堆叠（Gene stacking）是将多个抗病基因同时引入一个作物品种的育种策略，通过多基因的协同作用，提高作物对多种病害的抗性。在现代抗病育种中，基因堆叠与分子标记技术密切相关，能够帮助育种者精准实现多个抗病基因的联合使用，从而改善作物的抗病性能。

1. 基因堆叠的技术方法

基因堆叠可通过传统杂交育种、回交育种或转基因技术实现。借助分子标记和GS，育种者可以准确识别并联合多种抗病基因。通过MAS，基因堆叠的过程可以更高效地完成，避免了传统育种过程中抗病基因与其他优良农艺性状间的遗传冲突。此外，分子标记还可以帮助育种者在不同的育种代次中精准把控基因堆叠的进展。

2. 基因堆叠在抗病性状中的应用

基因堆叠在抗病育种中的应用可以显著提升作物的抗病能力。将多个具有不同抗性谱的抗病基因堆叠在同一品种中，能够同时抵抗多种病害，避免单一抗病基因可能导致的抗病性减弱或失效。此外，基因堆叠能够增强作物的稳定性和抗病广谱性，尤其在多病害的环境中，这种策略表现出显著的优势。

3. 基因堆叠的挑战与前景

基因堆叠的主要挑战在于如何避免不同抗病基因的相互作用。某些基因在堆叠过程中可能出现拮抗作用，影响抗病效果的稳定性。此外，由于基因堆叠的遗传背景复杂，可能需要多代的筛选和回交以稳定目标基因的表达。随着基因组学技术的发展和分子标记技术的完善，基因堆叠将在抗病育种中发挥更大的作用。

（三）抗病性状预测的标记模型

抗病性状的预测是基于分子标记信息构建数学模型，用以预测作物对特定病害的抗性水平。这一预测模型能够在育种初期依据基因型信息预测抗病性状的表现，从而指导育种工作。通过标记预测模型，育种者可以提高抗病性状的选择效率，并加速抗病基因的推广应用。

1．标记预测模型的构建

标记预测模型通常基于大规模的基因型和表型数据集，利用统计学和机器学习算法建立预测模型。这些模型可以通过多个标记位点的信息，预测抗病性状的表现情况。例如，利用GWAS和QTL分析，结合分子标记和表型数据，构建抗病性状的标记预测模型。这些模型能够精确预测不同个体对病害的抗性水平，为抗病育种提供科学依据。

2．抗病性状预测模型的应用

抗病性状预测模型在育种过程中能显著提高筛选效率。通过基因型的快速分析，育种者可以在育种早期就预测出作物的抗病能力，避免了长期的表型筛选过程。此外，抗病性状的预测模型还能够帮助识别和选择在未来环境中具有较强抗性的品种，为农业生产提供长期的抗病保障。

3．预测模型的精度与挑战

抗病性状预测模型的精度取决于数据的质量、标记的选择以及模型的构建方法。随着大数据分析技术和机器学习算法的发展，抗病性状的预测精度不断提高。然而，由于环境因素对病害的影响较大，模型在不同环境下的适用性仍然是一个挑战。如何有效地整合环境信息和分子标记数据，是当前抗病性状预测模型研究的重点。

（四）多性状标记选择的协同优化

多性状标记选择是指在抗病育种过程中同时选择多个性状的标记，通过协同优化多个性状的表现来实现作物的综合改良。这一方法能够在一次选择中同时改善抗病性状、产量、品质等多个重要农艺性状，具有重要的育种应用价值。

1．多性状选择的理论基础

多性状标记选择基于作物性状之间的遗传相关性，采用协同选择策略，通过标记选出同时具备多个优良性状的个体。这一过程通常需要运用复合遗传模型，通过对不同性状的遗传相关性进行分析，优化多个标记的选择策略，从而实现对抗病基因和其他农艺性状的同步改良。

2．协同优化的应用

多性状标记选择在抗病育种中的应用，能够帮助育种者在保证作物抗病性的同时，优化产量、品质等重要性状。通过对多个性状的同时优化，育种者能够培育出既抗病，又高产、优质的品种。例如，在小麦抗病性状的育种中，利用多性状标记选择，不仅能够增强抗病性，还能够提升小麦的粮食产量和营养品质。

3．多性状选择的挑战与前景

多性状选择面临的挑战主要是性状间的遗传关联和环境影响。在不同环境条件下，某些性状的表现可能发生变化，影响标记选择的效果。此外，多性状选择的标记开发和分析需要大量的基因组数据支持，如何高效整合多个性状的选择标准，提高选育效率，是当前研究的重点。随着基因组学、计算机技术和数据分析方法的发展，未来多性状标记选择将在抗病育种中发挥越来越重要的作用。

分子标记在抗病育种中的应用，不仅提高了育种效率，还为作物的抗病性改良提供了精准的技术支持。借助MAS、基因堆叠、抗病性状预测模型的应用，以及多性状标记选择的协同优化，现代抗病育种的精度和速度得到了显著提升。随着技术的不断进步，分子标记将在未来的抗病育种中发挥更为重要的作用。

四、分子标记开发的技术挑战

尽管分子标记技术在抗病育种中具有巨大的应用潜力，但在开发和应用过程中依然面临多方面的技术挑战。标记多样性与稳定性、平台成本控制、环境因子对标记性能的影响以及跨物种标记的转移性等，都是目前亟待解决的关键问题。克服这些挑战将进一步提升分子标记在抗病育种中的应用效率，为全球农业生产提供更加稳定、可持续的解决方案。下文将深入分析分子标记开发中的主要技术挑战，并探讨当前前沿技术应对这些挑战的方式，以推动抗病育种的持续发展。

（一）标记多样性与稳定性问题

分子标记的多样性和稳定性是影响抗病育种中标记应用效果的关键因素。标记的多样性通常决定了其在不同种质、不同环境中的适用范围，而标记的稳定性则决定了其在多个世代中的可靠性。在实际应用中，标记多样性不足和稳定性问题可能导致抗病育种效果减弱，甚至影响整个育种过程的顺利进行。

1. 标记多样性不足

多样性不足意味着标记无法覆盖目标作物基因组的遗传变异。对于抗病性状的分析，若标记在目标群体中的多态性不足，则可能无法有效区分抗病性状的遗传背景，这将限制育种过程中抗病基因的筛选。例如，在基因组内某些区域缺乏足够的变异，可能导致相关标记的识别困难，进而影响抗病基因的定位和功能验证。

2. 标记稳定性差

标记的稳定性通常与其所处的基因组位置、遗传背景以及环境条件密切相关。标记稳定性差意味着同一标记在不同的代次、不同的环境条件下可能无法表现出一致的效应，从而影响其在抗病育种中的应用。尤其是在自然环境复杂或病害压力较大的地区，标记的表现可能受到环境因子的显著影响，导致标记与抗病性状之间的关联关系变得模糊。

3. 解决标记多样性与稳定性问题

为了解决这些问题，研究者正在采用多种方法来提高标记的多样性和稳定性。一方面，可以通过高通量基因组测序技术识别新的遗传变异，开发高密度标记图谱，覆盖作物基因组的不同区域。另一方面，利用分子标记与表型数据的结合进行多基因定位，能够提高标记选择的精确度。借助GS和GWAS等先进技术，研究者能够优化标记的选择和应用，提高其多样性和稳定性。

（二）高通量平台的成本控制

随着基因组学技术的进步，高通量平台（如HTS、基因芯片等）已成为分子标记开发的核心工具。然而，高通量平台的成本控制仍然是当前面临的主要挑战之一。尽管随着技术的发展，成本逐渐降低，但在实际应用中，尤其是在资源有限的地区，过高的成本仍然限制了这些技术的广泛应用。

1. 高通量平台的高成本问题

高通量平台的成本主要来自测序设备的购买、数据处理和分析过程的费用。尽管测序技术的成本在过去几年有了显著降低，但对于一些小规模或低收入地区的育种项目来说，设备投资和后期数据分析的费用依然是沉重的负担。此外，维护高通量设备对技术要求高，需要专业的技术人员和设备维护，这进一步增加了育种项目的成本。

2. 数据存储和分析的挑战

高通量平台产生的庞大数据量需要高效的存储和计算能力来处理。随着数据量的增加，如何高效存储、传输和处理这些数据成为一个重要问题。在数据分析过程中，需要借助先进的计算平台和算法来挖掘有价值的信息，尤其是在抗病性状的研究中，数据分析的精确度和高效性直接影响着研究结果的准确性和可用性。

3. 成本控制的技术策略

为了降低高通量平台的应用成本，研究者正通过多种途径优化技术流程。首先，通过采用更为简便的标记开发方法，如高通量SNP芯片或目标区域捕获技术，能够大幅减少测序所需的时间和成本。其次，随着云计算和大数据技术的发展，数据存储和处理的成本逐渐降低，提供了更加经济高效的数据分析解决方案。此外，利用分子标记的精确选择和GS技术，可以减少无关数据的分析，进一步降低成本。

（三）环境因子对标记性能的影响

环境因子在植物表型的表现中占据着重要地位，而抗病性状往往受到环境条件的显著影响。在分子标记应用过程中，环境因子的变化可能导致标记性能的不稳定性，从而影响标记与抗病性状之间的关联。这一挑战尤为突出，特别是在复杂的农田生态系统中，环境因子的干扰往往使抗病性状的标记与表型之间的关联变得更加复杂。

1. 环境与抗病性状的关系

抗病性状的表现不仅受基因型的控制，还受到环境因素的影响。温度、湿度、光照、土壤类型、病原密度等环境因素可能导致同一基因型在不同环境下表现出不同的抗病能力。这种对环境的依赖性使分子标记与表型之间的关系变得复杂，影响了标记的稳定性和可靠性。

2. 环境效应对标记与性状关联分析的影响

在环境效应较大的条件下，标记与性状之间的关联可能不稳定，导致标记在不同环境中的表现不一致。例如，在高湿度或多雨的环境中，某些标记可能显示出较强的关联，而在干旱环境下则表现较弱。这种对环境的依赖性使标记的选择和抗病基因的定位变得更加困难。

3. 解决环境效应问题的策略

为了解决环境效应对标记性能的影响，研究者正在通过MET来评估标记在不同环境条件下的表现。通过对不同环境的标记数据进行综合分析，能够提高标记的稳定性和可靠性。此外，GS与表型数据的结合，能够有效减少环境因素的干扰，通过对多个环境下的抗病表型进行建模，提升标记在各种环境中的预测能力。

（四）跨物种标记的转移性研究

跨物种标记转移性研究是指将一个物种中开发的分子标记应用到其他物种上，尤其是不同属之间的标记转移。跨物种标记的转移性为作物改良带来了新的可能，但这一过程中也面临诸多挑战。

1. 标记在不同物种间的转移性问题

不同物种的基因组差异较大，标记在不同物种中的有效性和适用性会受到基因组结构、基因序列和物种特有的遗传特性的影响。例如，在不同物种中，标记与目标性状的关联强度可能存在显著差异，导致转移后的标记效果不佳。此外，不同物种的进化历史和基因组重排也可能导致标记转移的失败。

2. 跨物种标记的优化与调整

为解决跨物种标记的转移性问题，研究者正在采用多物种联合基因组分析和基因组比较方法，以识别具有较高转移性的标记。在标记转移过程中，通常需要通过适应性调整来优化标记的选择标准。例如，筛选保守区域中的标记，可以提高其在不同物种间的有效性。

3．跨物种标记的应用前景

跨物种标记的应用不仅有助于扩展抗病育种的范围，还能为其他作物提供标记开发的新途径。随着基因组学和大数据技术的进步，跨物种标记的研究将越来越精细，有助于开发适应不同物种和生态环境的标记资源。

第五章
小麦产量与品质性状的改良

第一节　影响小麦产量的主要因素

一、小麦产量的构成要素

小麦产量作为农业生产的重要指标，其形成受到多种因素的影响，包括作物本身的遗传特性、环境条件及其相互作用。在现代小麦育种与栽培管理实践中，深入研究小麦产量的构成要素及其调控机制，不仅有助于提高单位面积产量，还为应对气候变化和资源约束提供了科学依据。下文聚焦穗数、粒数、千粒重、生物量积累与分配等核心指标，系统阐释各要素对产量的影响及其相互关系，旨在为高产育种策略提供理论支持。

（一）穗数对产量的影响

穗数是指单位面积内小麦穗的数量，是产量构成的基础指标之一。作为产量的主要贡献因子之一，穗数的增加能够显著提升总产量。然而，在实际生产中，穗数的调控受到密植指数、种植密度、品种特性等多重因素的制约。现代育种研究发现，高产品种的穗数不仅取决于其分蘖能力，还受到幼苗生长阶段的光合作用效率和营养供给的直接影响。

高效分蘖及成穗率的提高在很大程度上依赖于植物生长调节剂的应用与环境条件的优化。研究表明，合理的种植密度能够促进小麦个体与群体协调发展，通过调控单位面积的光能利用率，实现穗数的最大化。同时，不同生态区域的小麦种质在穗数形成上的差异，强调了区域化育种与栽培管理的重要性。

（二）粒数对产量的贡献

每穗粒数是衡量小麦穗部结构合理性的关键指标之一，直接决定了单穗产量。粒数的形成主要受到开花期和灌浆期植株生长状况的影响，包括开花的同步性、花粉质量，以及灌浆期的碳水化合物供应效率等。理论研究和田间试验均表明，粒数多的小麦品种通常具备较高的籽粒分化与保留能力，而这种能力在很大程度上受基因型的调控。

此外，近些年关于激素平衡与穗粒发育的研究取得了显著进展，赤霉素、细胞分裂素和IAA等植物激素在粒数形成中的作用得到了广泛关注。通过分子标记技术对调控粒数的关键基因进行定位和克隆，科学家们逐步揭示了籽粒发育过程中的信号传导与基因表达调控网络，这为改良小麦粒数提供了全新的理论依据。

（三）千粒重的遗传与环境效应

千粒重是衡量小麦籽粒丰满程度和籽粒品质的重要参数。作为产量构成的核心要素之一，千粒重不仅反映了籽粒的大小和密度，还与小麦生长后期的营养物质积累和灌浆效率密切相关。千粒重的形成受多基因控制，并且在一定程度上受环境胁迫的影响。

从遗传角度来看，千粒重较高的性状通常由多个位点协同作用调控。这些位点不仅影响籽粒大小，还对种皮厚度和籽粒密度产生间接影响。此外，研究显示，千粒重较高与植物体内碳水化合物代谢效率和蛋白质合成能力的强弱直接相关。在环境方面，适宜的水肥条件和温度能够有效促进籽粒灌浆，提高其丰满度与营养价值；而逆境条件下，千粒重则可能会受到明显抑制，导致产量下降。

（四）灌浆速度与粒重的关系

灌浆是籽粒灌满过程中的关键阶段，其速度和持续时间直接决定了千粒重。在生理机制上，灌浆速度受到叶片光合作用效率、碳水化合物的转运能力以及籽粒吸收能力的共同影响。研究表明，高效的灌浆速度有助于提高籽粒的最终重量，同时增强其抗逆性。

在现代灌浆研究中，碳素和氮素的动态平衡成为关注重点。科学家通过对碳氮代谢关键酶基因的调控，不仅可以延长灌浆期，还能够提高灌浆速率，进而提升粒重。此外，光周期敏感性与灌浆阶段的协调性也是影响灌浆速度的重要因素。这些研究为选育高灌浆效率的小麦品种提供了有力支持。

（五）生物量积累与分配的调控

生物量积累是衡量小麦光合产物总量的重要指标，而生物量的合理分配则决定了籽粒产量的最终水平。小麦植株通过分配光合产物至穗部与籽粒，从而实现能量的高效利用。然而，不同生育期生物量的积累与分配特性会因品种、环境以及管理措施的不同而有所变化。

在调控生物量分配的研究中，穗粒比和分配指数是关键参数。穗粒比反映了植株对生殖生长的投入比例，而分配指数则是衡量籽粒中碳水化合物积累效率的重要指标。近年来，基于分子标记技术的遗传研究揭示了一系列调控生物量分配的基因，这些基因的功能验证和应用为高产育种提供了新的视角。

通过精准施肥、优化灌溉和调节种植密度等管理措施，可以在田间条件下有效提升生物量的利用效率。同时，结合遥感技术与高通量表型分析，可实时监测小麦的生长状态，为育种和栽培决策提供数据支持。

二、遗传因子对产量的调控作用

遗传因子是小麦产量形成的内在驱动力，决定了其产量性状的基本框架和潜在极限。通过对遗传因子的深入研究，可以明确产量性状的遗传基础，揭示基因型与表型之间的关系，为高产育种提供理论支持与技术指导。下文将系统阐释产量性状的遗传模型、高产基因的定位与利用、遗传多样性对产量的影响以及多基因协同作用的最新研究进展。

（一）产量性状的遗传模型

产量性状是一个典型的数量性状，其遗传控制通常遵循多基因模型。研究显示，小麦产量受多个主效基因和微效基因的共同调控，并呈现显著的加性效应、显性效应和上位性效应。加性效应是决定产量性状稳定性的主要因素，而显性效应和上位性效应则在特定环境条件下对产量产生显著影响。

在遗传统计模型的构建中，MLM和贝叶斯模型被广泛应用于产量相关基因的挖掘与效应评估。现代遗传学研究通过GWAS和GS方法，解析了产量性状的复杂遗传网络。这些模型不仅揭示了遗传因子对产量性状的直接影响，还进一步阐明了基因与环境的交互作用机制。

（二）高产基因的定位与利用

高产基因的发现与功能解析是小麦育种研究的核心任务之一。随着分子生物学和基因组学技术的飞速发展，科学家们利用HTS技术和基因编辑工具，对控制小麦产量性状的关键基因进行了深入研究。

通过图位克隆技术和RNA-Seq，多个与产量相关的主效基因得以成功定位，这些基因在调控穗数、粒数、千粒重等方面发挥了重要作用。此外，功能基因的利用也成为现代育种的重要途径。利用CRISPR/Cas9基因编辑技术，研究人员能够在特定位点精确调控基因功能，从而优化小麦产量相关性状的遗传基础。

高产基因的有效利用还需要与现代育种技术相结合，如MAS和GS。这些技术通过对目标基因的精准选择和评价，实现了高产育种效率的显著提升。

（三）遗传多样性对产量的影响

遗传多样性是维持农作物产量稳定性与适应性的关键因素。研究人员通过扩大小麦种质资源的遗传基础，可以为高产育种提供更多优异基因。在传统育种方式中，由于长期的选择压力，小麦品种的遗传多样性逐渐减弱，导致产量潜力和抗逆性的提升受到限制。

现代研究表明，引入野生近缘种和地方种质中的优异基因，可显著增强小麦产量性状的遗传多样性。这些种质资源中的高产基因和抗逆基因，为小麦育种提供了重要的遗传素材。与此同时，WGS和泛基因组分析为全面解析种质资源的遗传多样性提供了技术支持。

为了充分发挥遗传多样性对产量的促进作用，科研人员还探索了种质资源多样性与生态适应性的关系。通过生态区域化育种策略，科研人员将不同生态区的遗传优势整合到高产育种中，能够实现产量与稳定性的同步提升。

（四）多基因协同作用的研究进展

小麦产量性状的复杂性决定了其遗传调控过程需要多基因的协同作用。近年来，多基因协同作用的研究取得了重要进展，为全面解析产量性状的遗传机制提供了全新的视角。

通过多组学整合分析，研究人员发现，产量性状的多基因协同作用主要通过信号通路的交叉调控和转录因子的网络作用实现。例如，参与光合作用、碳氮代谢以及激素调控的多个基因间存在显著的协同效应。基于这些研究，功能基因网络的构建成为解析小麦产量遗传机制的重要工具。

此外，利用基因编辑和多基因聚合技术，科学家能够实现多基因的精准调控，从而最大限度地挖掘产量潜力。这些技术的应用为高效利用小麦产量性状的遗传基础奠定了坚实的基础。

三、环境因子对产量的制约

小麦产量的形成不仅依赖于遗传潜力，还深受环境因子的影响。随着全球气候变化和资源压力的加剧，环境因子在制约小麦产量方面的作用日益凸显。深入探究水分、养分、温度、光照以及气候变化对小麦产量的影响，有助于揭示环境与作物之间的复杂关系，并为优化生产管理和制定高产育种策略提供科学依据。

（一）水分胁迫对产量的影响

水分是小麦生长发育过程中不可或缺的资源，其供应状况直接影响着小麦的光合作用、物质运输和生殖生长过程。水分胁迫通常表现为干旱或过量灌溉导致的水分失衡。尤其干旱胁迫对小麦产量构成显著威胁，会导致分蘖减少、穗粒数下降及千粒重降低。水分胁迫还对根系发育、茎叶水分利用效率及气孔调控功能产生深远影响。

研究显示，小麦抗旱性状主要由多个调控水分吸收、运输和利用效率的基因决定。近年来，通过应用分子生物学技术，发现了一系列与抗旱相关的关键基因及调控网络。这些研究为选育耐旱小麦品种提供了重要依据。同时，田间管理中精准灌溉技术的应用，可以优化水分利用效率，在缓解水分胁迫对产量的影响方面发挥着重要作用。

（二）养分供应对产量的调节

养分是小麦生长的基础，其供应状况对植株生理活动和产量形成有着直接影响。氮、磷、钾等宏量元素是小麦养分需求的核心，而微量元素如锌、铁等则在促进酶活性及代谢平衡方面起着重要作用。养分不足会导致植株生长停滞、光合效率降低及籽粒灌浆不良，从而严重制约产量。

养分供应对产量的调节不仅取决于施肥量，还与施肥时间、方式及土壤养分利用率密切相关。现代农业中，改良施肥技术，如缓释肥料和液态肥的应用，可以显著提升养分利用效率。此外，植物微生物互作系统的研究揭示了根系分泌物与土壤微生物之间的协同作用，为优化养分供应和实现高产目标提供了新思路。

（三）温度变化对产量的作用

温度是小麦生长发育的基本环境条件，对产量的影响主要体现在生育期的延长或缩短、光合效率的变化以及籽粒灌浆速率的调控等方面。高温胁迫通常会导致植株光合效率下降、灌浆期缩短和籽粒品质劣化，进而显著降低产量。相较之下，低温胁迫则主要影响小麦的发芽率、苗期生长及越冬成活率。

研究表明，温度变化对小麦产量的影响存在基因型差异，耐高温和耐低温基因的发掘成为重要研究方向。近年来，随着基因组学技术的发展，一些与耐温性状相关的基因和信号通路得以阐明。此外，温室气体排放引发的全球升温趋势给小麦生产提出了新的挑战，需要进一步加强对高温条件下小麦光合效率和籽粒灌浆调控机制的研究。

（四）光照条件与光合效率的关系

光照是驱动小麦进行光合作用的能量来源，其强度、时长及质量直接影响植株的生物量积累和产量形成。光照不足通常导致光合作用受限，叶片中碳水化合物积累减少，而过强的光照则可能引发光抑制效应，从而降低光合效率。光照条件的变化还会影响植物IAA和赤霉素等激素水平，进而调控植株形态及生长速率。

通过分析不同生态区的光照特性与小麦产量间的关系发现，适宜的光周期调控对于提高穗数和粒数具有重要意义。此外，光合效率的分子调控研究也取得了重要进展，揭示了一系列与光反应中心相关的关键基因和蛋白质，为通过遗传改良优化光合效率提供了可能。

（五）气候变化对小麦产量的潜在影响

气候变化对小麦生产的长期影响表现为环境条件的综合改变，包括温度升高、降水模式改变及极端天气事件频发等。这些变化不仅直接作用于植株生长环境，还会通过改变病虫害的发生模式及土壤养分循环过程，间接影响小麦产量。

应对气候变化对小麦产量的潜在威胁，需要综合考虑作物遗传改良与田间管理技术的优化。近年来，研究人员通过模拟气候变化情景，分析了不同气候条件对小麦产量的动态影响，并探索了基于生态适应性育种的应对策略。此外，精准农业和智能农业技术的发展为减缓气候变化的不利影响提供了技术支持。

四、高产育种的策略与方法

高产育种是提高小麦生产效率的核心任务，也是应对粮食安全和气候变化挑战的关键手段。科研人员通过综合运用遗传改良技术、生物信息学工具和精准农业技术，可以实现小麦高产与品质协同优化。下文将重点阐述优质高产组合的选择、高效育种技术的集成、产量与品质协同改良，以及基于精准农业的产量提升策略，以期为现代小麦育种提供系统的科学指导。

（一）优质高产组合的选择

优质高产组合是小麦育种目标的核心。聚合不同遗传背景的优良性状，可以显著提升小麦产量及其适应性。在现代育种实践中，优质高产组合的选择主要依赖于种质资源的挖掘与评价、优异基因的聚合以及基因型与环境的精准匹配。

种质资源的广泛利用为优质高产组合的构建奠定了多样性基础。研究表明，具有高效光合能力、强抗逆性及优良籽粒品质的种质资源，是高产育种的关键材料。在种质创新过程中，遗传组学技术与生物信息学工具的结合，为发掘控制关键性状的基因提供了重要支持。

此外，基因型与环境的匹配被认为是优化高产组合的重要因素。区域试验和多点评价，能够筛选出适合特定生态条件的小麦品种，从而提高产量的稳定性和适应性。

（二）高效育种技术的集成

高效育种技术的集成是现代育种的主要发展方向，其核心在于提高遗传改良效率和缩短育种周期。MAS和GS是高效育种的基础技术，能够实现目标性状的精准筛选和优良基因的快速聚合。

近年来，基因编辑技术的应用进一步加速了高效育种的进程。科研人员通过CRISPR/Cas9技术，可以实现目标基因的精确调控或功能敲除，从而优化小麦产量性状的遗传基础。结合表观遗传学调控策略，能够进一步提升育种的精准性和灵活性。

高通量表型分析技术和AI算法的引入，为育种效率的提升提供了全新途径。这些技术通过快速获取和处理大量表型数据，不仅能够优化育种设计，还可以提高目标性状的预测能力和选择效率。

（三）产量与品质协同改良

产量与品质协同改良是现代小麦育种的重要任务之一。传统育种方法往往将产量提升和品质改良视为两个独立目标，而现代育种则注重二者的协同优化。深入研究产量与品质相关性状的遗传基础，可以实现两者间的有效平衡。

协同改良的核心在于解析控制产量和品质性状的共同基因及其调控机制。近年来的研究发现，许多与产量相关的基因对品质性状也有显著影响，这为协同改良提供了遗传基础。科研人员利用分子设计育种方法，可以同时优化籽粒的大小、密度及营养成分，从而实现高产与优质的双重目标。

同时，协同改良还需要兼顾环境适应性。在不同生态条件下，调整小麦的生长周期、抗逆能力及养分利用效率，能够进一步增强产量与品质的协同效应。

（四）基于精准农业的产量提升策略

精准农业为小麦高产育种提供了全新的思路，其核心在于利用先进技术实现农业生产的精细化管理。遥感技术、地理信息系统（GIS）及物联网（IoT）的结合，使得小麦生产过程中的数据采集与分析更加高效和精准。

通过实时监测田间环境条件及作物生长状况，精准农业能够为育种决策提供可靠的数据支持。例如，基于遥感技术的生物量评估与产量预测，能为筛选高产小麦品种提供重要参考。同时，IoT技术的应用能够实现种植环境的动态调控，从而优化作物的生长条件。

在育种实践中，精准农业还促进了育种设计的智能化和自动化。利用AI算法和机器学习模型，可以在复杂的育种数据中识别出潜在的高产基因型及其组合方式，从而提高育种效率和成功率。

第二节　小麦籽粒品质改良的技术手段

一、小麦品质性状的定义与分类

小麦品质性状是衡量小麦籽粒在加工、营养、储藏和市场接受度等方面表现的重要指标，是小麦品种改良的重要目标之一。随着消费需求和市场标准的不断提升，品质性状的定义逐渐从单一指标扩展到多维综合评价体系。准确理解小麦品质性状的分类与评价标准，不仅为品质育种提供了科学依据，也为满足不同区域和人群的需求奠定了理论基础。

（一）加工品质的评价标准

加工品质是指小麦籽粒在制粉、制面和其他深加工过程中所表现出的物理、化学和功能特性，是评价小麦适应加工需求的重要指标。加工品质受籽粒硬度、蛋白质含量与质量、淀粉性质及吸水率等多种因素影响。

籽粒硬度是影响制粉效率和面粉品质的关键特性之一，由控制胚乳细胞壁结构与结合蛋白质的基因调控。蛋白质的含量和质量决定了小麦面粉的筋力和延展性，与面包和面条等食品的加工性能密切相关。淀粉性质，特别是淀粉的糊化特性和直链淀粉与支链淀粉的比例，对加工性能有重要影响。此外，籽粒吸水率则影响制粉过程中能量的利用效率和成品的加工效果。

在现代研究中，多组学整合技术解析加工品质的遗传调控机制，为提升加工品质性状提供了新的科学依据。

（二）营养品质的关键指标

营养品质是指小麦籽粒中各类营养成分的含量及其生物学功能，包括蛋白质、脂类、维生素、矿物质和膳食纤维等。蛋白质含量和氨基酸平衡是营养品质的核心指标之一，直接影响小麦食品的营养价值。脂类不仅是能量来源，还与多不饱和脂肪酸的比例有关，对人体健康具有重要作用。

矿物质如铁、锌、镁等是衡量小麦营养品质的重要成分，这些微量元素的积累受到小麦基因型与土壤环境的双重调控。维生素，特别是维生素B和维生素E的含量，与小麦的抗氧化性能及其对人体的健康效应密切相关。膳食纤维含量则在提升食品的功能性方面具有重要意义。

借助现代育种技术，科学家正致力于挖掘调控营养品质的功能基因，优化小麦营养价值，为健康食品的生产提供更好的种质基础。

（三）储藏品质的遗传特性

储藏品质是指小麦籽粒在存储过程中维持其物理、化学及生物学特性的能力，是决定小麦价值的重要性状之一。储藏品质受到籽粒水分含量、胚乳结构、抗氧化能力及抗虫性等因素的综合影响。

水分含量是影响小麦储藏稳定性的首要因素，水分含量高低决定了籽粒易腐程度及储存期限。胚乳结构与外层皮的致密性则直接影响籽粒对病菌侵害的抗性。抗氧化能力是储藏过程中防止品质劣化的重要属性，由多酚类物质及抗氧化酶活性调控。

在遗传学研究中，解析储藏相关基因的表达与调控机制，是提高小麦储藏品质的重要方向。分子标记技术，可实现对高储藏品质品种的快速筛选和培育。

（四）感官品质与市场接受度

感官品质是消费者对小麦及其加工产品的直观感受，包括色泽、气味、口感和形态等。感官品质在很大程度上影响了小麦产品的市场接受度，其形成受到基因型、栽培条件及加工工艺的共同作用。

色泽主要由籽粒中的色素类化合物及其氧化产物决定，这些物质在遗传和环境调控下呈现多样性。气味由小麦中的挥发性有机物决定，其生成和积累受到胚乳和糊粉层代谢活动的影响。口感与形态则更多取决于籽粒蛋白质和淀粉的质量与比例。

在现代品质育种过程中，注重通过感官品质指标与消费者偏好的研究，构建适应市场需求的高品质小麦品种。科学家将多维感官评价技术与基因功能分析结合，能更有效地指导品质性状的改良。

二、品质改良的遗传基础

小麦品质性状的改良在依赖于对遗传基础的深入理解。解析与品质相关的主效基因、多基因复合控制机制、基因互作效应和表观遗传调控，可以揭示小麦品质形成的分子机制，为育种实践提供科学依据。下文将系统阐述遗传基础在小麦品质改良中的作用，以期为培育高品质小麦品种提供理论支持。

（一）与品质相关的主效基因

小麦品质性状的许多核心指标受到主效基因的显著调控，这些基因在品质形成过程中发挥着不可替代的作用。通过对主效基因的研究，揭示其功能机制和作用路径，能为品质改良提供精准的靶标。主效基因通常直接决定关键品质性状的表型表达，如籽粒硬度、蛋白质质量和淀粉黏性等，其作用方式主要通过调节酶活性、代谢产物积累及细胞结构特性实现。

现代基因组学研究已对与小麦品质相关的主效基因进行了深入解析。借助HTS和GWAS技术，科学家定位了多个控制加工品质和营养品质的关键基因。这些基因不仅在品质调控中具有主导作用，还在环境适应性和遗传稳定性上表现出重要效应。MAS技术使得主效基因能更加高效地用于品质改良，通过构建高品质育种材料，加速了小麦品质性状的改良进程。

主效基因的作用机制涉及代谢调控网络的多层次整合。一些与蛋白质含量和质量相关的基因通过调控氮代谢和蛋白质合成途径，直接影响籽粒中关键蛋白的积累。此外，与淀粉性状相关的基因主要通过调节淀粉合成酶和分支酶的表达，实现直链淀粉与支链淀粉比例的动态平衡。研究还发现，这些基因的表达受环境因素如温度、光照和水分条件的显著影响，其调控网络的解析对品质性状的稳定性提升具有重要意义。

CRISPR/Cas9等基因编辑技术，可以实现主效基因的精准调控，从而提高小麦品质性状的改良效率。科学家通过对目标基因的功能增效或失活，能够优化籽粒的加工性能、营养价值及感官特性。这些技术的应用进一步丰富了主效基因的功能研究手段，为小麦品质改良开辟了全新途径。

（二）多基因复合控制的品质性状

小麦品质性状的复杂性决定了其遗传基础呈现多基因复合控制的特点。这些基因的协同作用对品质性状的稳定性、适应性和改良潜力具有深远影响。多基因复合控制通常表现为多个QTL的累加效应，这些QTL通过复杂的遗传网络，共同决定了小麦品质性状。

GWAS和全GS技术为多基因复合控制机制的研究提供了有力工具。GWAS技术能够识别出与品质性状密切相关的关键基因组区域，而GS技术通过对全基因组范围内的多基因效应进行综合评价，实现了对目标性状的精准预测和选择。这些技术的结合，为解析品质性状的遗传复杂性提供了全新的视角。

研究表明，多基因复合控制的品质性状具有显著的环境适应性。在不同生态条件下，基因间的协同作用可能表现出差异，进而影响品质性状的遗传潜力。为了全面解析多基因复合控制的遗传基础，科学家利用多组学整合技术，将基因组学、转录组学和代谢组学数据进行综合分析，构建品质性状的调控网络模型。该模型不仅揭示了基因间的互作模式，还阐明了基因对环境信号的响应机制。

精准育种技术，可以将多基因复合控制的优势应用于实际生产。分子标记技术和表型筛选工具，能够高效整合不同基因型的优异遗传效应，培育出品质表现稳定的小麦新品种。随着AI和大数据技术的应用，多基因复合控制的研究和应用将进入更高层次。

（三）品质性状的基因互作效应

基因互作效应是决定小麦品质性状多样性和稳定性的关键因素。基因互作分为显性互作、上位性互作及调控网络互作，其核心在于不同基因间的协同调节能力。研究表明，基因互作不仅影响单一品质性状，还对多个品质性状的综合表现起到决定性作用。

显性互作是指一个基因的表达水平直接调控其他基因的功能。例如，某些编码转录因子的基因通过激活或抑制下游基因的表达，调控蛋白质合成途径或淀粉代谢途径。这种作用模式在小麦籽粒的品质性状形成中表现突出，特别在对面筋强度和籽粒硬度的调控方面。

上位性互作是品质性状形成中的复杂遗传现象，指一个基因的表达完全覆盖另一个基因的效应。这种互作机制在多基因控制的性状中尤为重要，对其解析有助于理解品质性状的遗传规律。研究发现，上位性互作效应在品质性状的环境响应中发挥了重要作用，为增强小麦品质的遗传稳定性提供了理论支持。

调控网络互作涉及多个基因间的信号传递和功能整合。通过构建基因调控网络，科学家能够明确品质性状形成过程中的关键节点及其调控路径。多组学技术的结合使基因互作研究的精确性和深度得到显著提升，这为解析复杂品质性状的遗传机制提供了全新思路。

基因互作效应的应用离不开先进育种技术的支持。科学家通过基因编辑和多基因聚合技术，能够实现基因间互作效应的优化配置，进而挖掘小麦的品质性状潜力。这些研究和应用为品质育种的全面推进奠定了坚实基础。

（四）品质性状的表观遗传调控

表观遗传调控在小麦品质性状的形成和稳定性中扮演着重要角色。表观遗传机制主要通过DNA甲基化、组蛋白修饰和非编码RNA调控等，实现对基因表达的动态调节。与传统遗传变异不同，表观遗传调控不仅影响当代的品质性状，还具有一定的遗传稳定性和可塑性。

DNA甲基化是表观遗传调控的核心机制之一，其主要通过调节基因启动子的甲基化状态，控制目标基因的表达水平。在小麦品质改良中，DNA甲基化调控对蛋白质和淀粉合成途径的影响尤为显著。研究发现，环境因素如温度和水分条件可以诱导DNA甲基化水平发生变化，从而影响小麦品质性状的稳定性。

组蛋白修饰通过改变染色质结构的松紧程度，调控基因的可及性和转录活性。组蛋白乙酰化和甲基化是两种主要修饰类型，其对品质相关基因的动态调控在小麦品质性状形成中具有关键作用。结合组学技术，科学家逐步揭示了组蛋白修饰与品质性状之间的关联性，为表观遗传育种提供了科学依据。

非编码RNA是近年来研究的热点，其在转录后调控中发挥着重要作用。通过与mRNA的结合和降解，非编码RNA能够精准调节与品质相关基因的表达水平。这种调控方式在优化籽粒品质和提高环境适应性方面展现出重要潜力。

表观遗传调控的研究为品质育种开辟了新的方向。表观遗传编辑技术，可以实现对目标基因的动态调控，从而挖掘小麦品质性状的遗传潜力。这些技术的发展为实现品质性状的高效改良提供了全新的科学基础。

三、品质改良的分子手段

分子手段在小麦品质改良中占据了核心地位，其技术的进步极大地推动了品质育种的效率与精准度。MAS、基因编辑技术、转基因技术、品质性状的关联分析与基因定位以及高通量筛选技术等，为揭示品质性状的遗传基础和实现精准改良提供了有效途径。下文将系统阐述这些技术在小麦品质改良中的应用，解析其技术原理与优势，揭示其在育种实践中的进展。

（一）分子标记辅助品质改良

MAS是一种高效的遗传改良技术，通过标记与目标品质性状相关的基因座关联，直接参与育种材料的筛选与优化。MAS技术依托于基因组学与分子生物学的快速发展，能够准确定位与品质相关的QTL，为实现品质性状的快速改良提供了科学依据。

MAS技术的应用依赖于高分辨率的遗传图谱和关联分析数据。构建品质性状的遗传图谱，可以识别调控蛋白质、淀粉及矿物质含量的关键基因座。结合环境因子对品质性状的调控作用，MAS能够同时实现基因型选择与环境适应性的优化。

这一技术的最大优势在于缩短了育种周期，并提高了品质改良的效率与成功率。基于MAS筛选出的高品质材料，不仅在加工性能上表现突出，还能够满足多样化市场需求。随着标记技术的精细化和高通量化，MAS在小麦品质改良中的应用潜力将进一步扩大。

（二）基因编辑技术在品质改良中的应用

基因编辑技术以其精准、高效的特点，成为现代小麦品质改良的革命性工具。CRISPR/Cas9系统作为最具代表性的基因编辑技术，通过靶向修饰与品质性状相关的关键基因，实现对目标性状的定向改良。

基因编辑技术在小麦品质改良中的应用，主要是调控蛋白质合成途径和淀粉代谢网络。精确编辑与品质相关的主效基因，可以优化籽粒的加工性能和营养成分。研究表明，目标基因的精准敲除或激活，不仅能够增强品质性状的表现，还可以显著提高遗传稳定性和环境适应性。

这一技术的另一个显著优势是灵活性高。基因编辑能够快速响应品质育种中的新需求，如调控籽粒的颜色、风味及其他感官指标。结合表观遗传调控策略，基因编辑技术还能实现对品质性状动态调节的精准控制，为复杂性状的改良提供全新手段。

（三）转基因技术对品质的优化

转基因技术通过引入外源基因，显著增强了小麦品质性状的遗传多样性。与传统育种方法相比，转基因技术能够突破物种间的遗传障碍，为品质性状的改良提供全新的基因资源。

这一技术的核心在于基因导入与表达调控。通过整合蛋白质功能基因和淀粉合成关键基因，转基因技术能够有效改善小麦的加工性能与营养价值。研究还显示，导入与耐储藏相关的基因显著提升了籽粒的抗氧化能力和储藏品质，从而延长了产品的货架期。

转基因技术在提升小麦品质性状的同时，也面临着社会接受度和环境安全性方面的挑战。开发更高效的转基因检测与追踪技术，可以进一步增强转基因产品的可控性，为其广泛应用奠定基础。

（四）品质性状关联分析与基因定位

品质性状的复杂性决定了其关联分析与基因定位的技术需求。科学家通过GWAS，可以揭示小麦品质性状的遗传结构，识别与性状相关的关键基因座及调控路径。这一技术结合高密度SNP标记，为解析品质性状的遗传复杂性提供了强有力支持。

基因定位技术的进步使得对复杂数量性状的解析更加精确。科学家通过图位克隆和RNA-Seq，可以定位并验证品质性状的主效基因及其上游调控因子。这些研究不仅丰富了对品质性状调控网络的理解，还为基因编辑和分子设计育种提供了新的靶标。

结合多组学数据，品质性状的基因定位进一步揭示了基因与环境的交互作用。这一进展为品质性状的改良提供了更大的设计空间，使得育种决策更加精准和科学。

（五）高通量筛选技术的应用

高通量筛选技术通过对大规模育种材料的快速检测与分析，实现了小麦品质性状的高效改良。这一技术的核心是表型与基因型数据的同步采集与整合分析。

利用高通量筛选技术，可以对大样本群体的蛋白质含量、淀粉性质及矿物质积累进行快速测定。结合高通量基因组测序和RNA-Seq，这一技术能够精准捕捉品质性状的遗传变异，并筛选出优异基因型。

AI和机器学习技术的引入，使高通量筛选技术的分析能力得到了显著提升。这些技术的融合使得筛选效率进一步提高，为品质改良的快速推进奠定了坚实基础。

四、品质改良的传统与现代结合

小麦品质改良是一个综合过程，既需要充分发挥传统育种技术的经验积累，又要紧密结合现代科技的发展趋势，以实现品质育种的突破性进展。传统与现代的结合不仅有助于拓宽遗传资源的利用范围，也为满足多样化的市场需求提供了技术保障。下文将从传统育种技术的经验总结、现代技术与品质育种的融合、地方特色品质种质资源的利用，以及区域性品质需求的精准育种四个方面进行详细论述。

（一）传统育种技术的经验总结

传统育种技术在小麦品质改良中积累了丰富的经验，包括基于表型选择的选种方法、区域试验的优化策略以及品种更新的推广模式。这些技术通过长期的育种实践，显著提高了小麦的产量和品质稳定性。

表型选择是传统育种的核心方法，通过观察和测量品质相关性状，如籽粒硬度、蛋白质含量和加工性能，筛选出表现优异的材料。虽然这一过程依赖人工经验，但其系统性和高效性为现代育种的快速发展奠定了基础。

区域试验策略的应用进一步增强了传统育种的适应性，能够有效评估不同品种在多样环境下的品质表现。这一技术手段为筛选具有广适性的优质品种提供了科学支持。

总结传统育种技术的经验，可以发现，其优势在于自然选择和人工选择的有机结合。结合现代技术手段，这些经验可进一步优化，为高效、精准的品质改良提供更多参考。

（二）现代技术与品质育种的融合

现代技术在小麦品质育种中的广泛应用，极大地提升了改良效率和精准度。MAS、基因编辑、表观遗传学调控及高通量筛选技术的应用，使品质改良的科学性和高效性得以实现。

MAS技术通过对品质性状相关基因的精确定位，实现了基因型筛选与表型表现之间的快速匹配。这一技术的应用，缩短了育种周期，并显著提高了遗传增益。

基因编辑技术为小麦品质性状的精准调控提供了强大的工具支持。调节与品质性状相关的关键基因，可以实现对目标性状的定向改良，增强小麦品种的市场竞争力。

表观遗传学的研究为揭示品质性状的动态调控机制提供了全新视角。科学家借助非编码RNA、DNA甲基化和组蛋白修饰等调控手段，可以优化小麦品质的环境适应性。

高通量筛选技术则为品质育种中的大规模数据处理提供了可能。利用这一技术，能够快速分析和筛选大规模种质资源，显著提升筛选效率。

（三）地方特色品质种质资源的利用

地方特色品质种质资源是小麦品质改良的重要基因库，其特有的品质性状和遗传优势，为育种材料的创新提供了丰富的遗传多样性。这些种质资源通常表现出对特定生态环境的高度适应性，蕴含着许多优质性状的遗传潜力。

利用地方特色种质资源进行品质改良，需要深入解析其遗传基础和性状特征。分子标记技术和GWAS，可以精准定位与优质性状相关的基因座，从而实现资源的高效开发。

地方特色种质资源的价值不仅体现在品质改良上，还在小麦文化传承和市场差异化方面具有重要意义。结合现代育种技术，这些资源能够得到充分开发和利用，打造出具有区域特色的优质小麦品牌。

（四）区域性品质需求的精准育种

不同区域的消费者对小麦品质有着独特的需求，而精准育种则是满足这些需求的有效手段。区域性品质需求的实现需要结合遗传改良技术、生态适应性分析和消费市场研究，以确保育种目标与区域特点的精准匹配。

精准育种的核心是构建品质性状的多维评价体系，利用分子标记技术和基因编辑技术，将目标性状融入育种过程。结合大数据分析，可以优化品质性状与环境因子之间的动态关系，从而提升区域适应性。

开展多点试验和品质性状的综合评价，可以筛选出适合特定区域的小麦品种。结合消费者偏好和市场需求，这些品种不仅具有优良品质，还能够满足多样化的应用场景需求。

第三节　小麦育种中的环境友好型策略

一、环境友好型育种的概念与意义

环境友好型育种是指将基因改良技术与生态管理措施结合，培育能在减少资源投入与环境负担的同时，还具备高产与高适应性的小麦品种。这一理念的核心在于优化农业资源利用效率，降低生产过程中的环境污染，并增强作物对气候变化和生态胁迫的适应能力。随着全球可持续发展目标的提出，环境友好型育种已经成为现代农业育种体系的重要组成部分。

（一）减少农药施用的抗病性育种

病害防治是小麦生产中的重要环节，但传统防治手段依赖化学农药，造成了环境污染和生态失衡。抗病性育种通过筛选和改良抗病基因，可显著降低对农药的依赖性，从而实现可持续的病害管理。

抗病性育种的核心是解析小麦与病原体的互作机制。研究发现，小麦对多种主要病害的抗性由特定的主效基因或QTL控制。这些基因通过调控植物免疫反应，显著增强了小麦的抗病能力。科学家借助MAS与基因编辑技术，可加速抗病品种的培育进程，同时降低抗性基因的丧失风险。

此外，抗病性育种还注重多抗性状的协同改良。在不同抗病基因的基础上，科学家通过基因聚合技术实现了广谱抗病品种的开发。这种方法不仅提高了抗病性的持久性，还为减少农药使用奠定了基础。

（二）高效利用养分的资源节约型品种

小麦生长对氮、磷、钾等养分需求较高，过度施肥往往导致资源浪费和环境污染。资源节约型品种的育种目标是通过优化植物体内的养分吸收与利用机制，达到更高的养分利用效率。

这一策略的关键在于发掘和利用与高效养分利用相关的基因。研究显示，小麦根系结构与根系分泌物的调控基因在养分吸收中发挥着重要作用。通过GWAS，科学家已经定位了多个与氮、磷高效利用相关的QTL。这些基因通过增强根系养分吸收能力，提高了小麦在低养分环境下的适应性。

基因编辑技术为资源节约型品种的培育开辟了全新路径。调控与氮代谢相关的关键酶基因表达，能够显著提高氮肥利用效率。同时，结合精准农业技术，可以优化田间施肥管理，实现资源投入与产量效益的同步提升。

（三）抗旱节水型小麦的培育

水资源短缺是制约全球农业生产的重要问题之一。抗旱节水型小麦的培育在缓解农业用水压力、提升水资源利用效率方面具有重要意义。抗旱育种的核心目标是通过基因改良和生理优化，培育出在干旱胁迫条件下仍能保持高产的小麦品种。

抗旱节水育种首先需要解析小麦的水分吸收、运输和保留机制。研究表明，小麦抗旱性的遗传基础涉及多个调控水分代谢、气孔调节及根系发育的关键基因。这些基因通过调控植物细胞内的渗透压平衡和抗氧化能力，增强了植株对干旱条件的耐受性。

现代育种技术为抗旱节水型小麦的培育提供了有力支持。通过GS技术，科学家可以识别和利用抗旱相关基因，从而提高育种效率。此外，基因编辑技术的应用使得对抗旱关键基因的精准改良成为可能，为小麦在水资源紧缺地区的种植提供了解决方案。

（四）环境胁迫下的高适应性育种

环境胁迫，如高温、盐碱、低温及重金属污染等，严重威胁着全球小麦生产的可持续性。高适应性育种旨在通过解析胁迫条件下的遗传与生理调控机制，培育出对多种环境胁迫具有较强耐受力的小麦品种。

环境胁迫的应对策略需要从多方面入手，包括筛选与耐受性状相关的基因、优化作物的胁迫响应通路及改良代谢调控网络。研究显示，小麦的耐盐性与其根系离子运输和渗透调节机制密切相关，而耐热性则主要受控于HSP的表达。这些基因的发掘为高适应性育种提供了明确目标。

结合多组学数据分析和AI算法，可以高效筛选出耐胁迫基因型并预测其环境适应性。结合精准育种技术，高适应性品种的培育能够更好地应对全球农业生产面临的复杂挑战。

二、绿色生产中的小麦品种改良

绿色生产的核心在于通过提高资源利用效率和减少环境负担，实现农业可持续发展。小麦作为全球重要的粮食作物，其品种改良需要全面契合绿色生产的理念。通过培育低化肥需求品种、改良抗倒伏性状、增强土壤健康相关特性以及保护生物多样性，绿色生产中的小麦品种改良不仅提升了农业生产的生态效益，也为应对全球资源与环境危机提供了科学路径。

（一）低化肥需求品种的培育

化肥的过度使用是现代农业环境污染的主要来源之一。低化肥需求品种的培育通过优化植物对氮、磷、钾等养分的吸收与利用能力，可有效降低化肥使用量，同时保持高产稳定性。这一育种策略在减少农业面源污染和提升生产效率具有重要意义。

低化肥需求品种的研发依赖于对小麦养分高效利用机制的深入解析。研究表明，小麦根系构型的优化、根系分泌物的调控及关键代谢通路的改良是提升养分利用效率的核心途径。通过GWAS，科学家发现了与高效氮吸收、磷利用及钾代谢相关的关键基因座。结合基因编辑技术，能够对这些基因进行精准调控，从而提升对养分利用效率。

同时，低化肥需求品种的培育还需要考虑其在不同生态环境中的适应性。通过区域性试验与大数据分析，研究人员能够筛选出适合特定地区的小麦基因型，为绿色农业的推广提供科学依据。

（二）抗倒伏性状的改良

倒伏是影响小麦产量和品质的重要因素，同时也增加了收割过程中机械作业的困难。抗倒伏性状的改良不仅能够提高小麦的产量稳定性，还在节约劳动力和降低资源浪费方面具有重要作用。

抗倒伏育种的关键在于解析植株形态结构与机械性能之间的关系。研究显示，小麦茎秆强度与节间长度、基部直径及纤维素含量密切相关。通过对控制相关性状的关键基因进行定位和功能解析，可以为抗倒伏性状的改良提供参考。MAS技术和GS技术为这一过程的高效实施提供了支持。

此外，抗倒伏性状的优化还需要兼顾光能利用效率和养分分配的平衡。现代育种技术通过对光合相关基因和生物量分配基因的协同调控，实现了抗倒伏性能与产量潜力的同步提升。

（三）土壤健康与小麦品种改良的关系

土壤健康是绿色农业生产的重要基础，其优化能够显著提升作物产量和品质。小麦品种的改良需要充分考虑土壤微生物群落、养分循环和物理结构的改善，以实现作物与土壤之间的良性互动。

研究表明，小麦根际微生物群落的多样性与其生长状态密切相关。改良根系分泌物成分，可以促进有益微生物的繁殖，从而增强土壤健康。与此同时，与小麦根系发育和养分吸收相关的基因也成为研究的热点。通过GWAS，科学家筛选出了能够增强根系吸收能力的关键基因，为改善土壤健康开辟了新路径。

此外，土壤有机质含量的提升对小麦生长的长期稳定性具有重要意义。选育能够有效利用有机肥的小麦品种，可以进一步降低对化肥的依赖，实现生产的绿色化。

（四）生物多样性保护在育种中的作用

生物多样性是农业生态系统稳定的基础，也是绿色生产的重要保障。小麦育种中的生物多样性保护策略，旨在通过丰富遗传资源和生态资源，实现农业生产的可持续性。

利用地方特色种质资源是保护生物多样性的核心途径之一。这些资源蕴含着丰富的遗传多样性，为抗逆性、养分利用效率及品质性状的改良提供了重要基因库。结合基因组学和表型分析技术，可以高效挖掘这些资源中的优良基因，并将其应用于现代育种。

在育种实践中，保护生物多样性还需要考虑生态系统的稳定性。多样化种植模式，可以优化小麦种植区域的生态平衡。研究发现，合理利用生物多样性不仅能够提高作物产量，还可以增强农业系统的抗逆性和恢复力。

三、环境友好型育种的技术支持

环境友好型育种的实现离不开技术支持的不断创新与优化。在现代农业背景下，智能技术、基因组学分析、生态农业的结合及国际合作成为推动环境友好型育种的重要力量。这些技术支持体系为应对农业生产中的环境挑战提供了高效解决方案，同时奠定了绿色育种的科学基础。

（一）智能技术对绿色育种的支持

智能技术在环境友好型育种中的应用，不仅显著提升了育种效率，还为绿色育种的精准化提供了技术保障。大数据、AI及IoT的结合，使得对育种数据的采集、分析与应用更加全面和高效。

借助智能技术对田间环境数据的实时监测，育种者能够全面了解小麦在不同生态条件下的生长表现。这种动态数据的获取，为筛选出高适应性和高抗逆性的小麦品种提供了科学依据。AI算法在数据分析中的应用，能够快速识别小麦品种的潜在优势基因型，并预测其在多变环境中的适应能力。

此外，无人机与遥感技术在环境友好型育种中的应用也日益广泛。通过对小麦的生长参数、病害状况及养分需求进行精确评估，遥感技术为高效管理和精准育种提供了重要支持。这些技术的融合，为推动绿色农业技术的创新与发展奠定了坚实基础。

（二）基于基因组的环境适应性分析

基因组学技术的进步极大地推动了环境友好型育种的发展。科研人员通过GWAS和GS，可以系统解析小麦在不同环境条件下的遗传适应机制。基因组学分析不仅揭示了小麦对抗逆性状的遗传基础，还为优化育种策略提供了科学指导。

环境适应性分析的核心在于识别与适应性状相关的关键基因及其调控网络。研究发现，小麦在抗旱、耐盐碱及应对高温胁迫下的生理响应由一系列QTL控制。对这些基因的解析，为环境胁迫条件下的绿色育种提供了重要靶点。

结合多组学技术，能够进一步解析基因组与表型之间的复杂关系。转录组学、蛋白组学及代谢组学的整合分析，使得基因功能的解析更加全面。这种全景式的研究视角，为小麦环境友好型品种的精准设计提供了数据支持。

（三）与生态农业相结合的育种路径

生态农业强调农业生产与生态系统的协调发展，其理念为环境友好型育种提供了理论基础。将生态农业的原则融入育种实践，可以更好地平衡生产需求与环境保护之间的关系。

与生态农业相结合的育种路径注重品种与环境的相互适应性。研究显示，优化小麦与土壤微生物群落的互作关系，可以显著提升作物对养分的高效利用能力。这种基于生态平衡的育种策略，不仅降低了农业生产对外部资源的依赖，还显著改善了田间生态系统的健康状况。

此外，生态农业中的多样化种植模式为小麦育种开辟了新方向。培育适合轮作或间作体系的小麦品种，既能最大化土地利用效率，又能减少病虫害的传播风险。这种与生态农业紧密结合的育种路径，为实现农业的可持续发展提供了有效方案。

（四）绿色育种中的国际合作

绿色育种的实现需要全球范围内的协同努力。国际合作通过共享技术资源、建立联合研究网络及开展多地域试验，为环境友好型育种注入了新的活力。全球化的合作模式不仅加速了绿色育种技术的推广，还为农业生产中的环境问题提供了跨国解决方案。

在国际合作框架下，不同国家的科研机构可以共同构建全球小麦种质资源的数据库。这一数据库的建立，为绿色育种提供了丰富的遗传多样性，同时也推动了对环境适应性相关基因的挖掘。

联合研究网络还能够推动育种技术的跨国交流。通过引入国际先进技术与经验，各国可以根据自身的农业特点优化绿色育种策略。尤其是在气候变化的全球性挑战下，跨国合作能够更好地应对小麦生产中的复杂环境问题。

国际合作的另一个重要方面是政策和资金的支持。设立国际育种项目和提供专项资助，可以进一步加强绿色育种的研究力度。这种跨学科、跨区域的合作模式，为推动全球农业的可持续发展提供了有力保障。

四、环境友好型育种的推广与应用

环境友好型育种的推广与应用，是实现农业绿色转型和可持续发展的关键环节。科学的推广模式、生态种植技术的配套应用、市场的积极响应以及政策的有力支持，可以将环境友好型育种成果高效转化为实际生产力。下文将从多方面探讨如何推动绿色育种的广泛应用，进而提升农业生产的生态效益和经济效益。

（一）环境友好型品种的推广模式

环境友好型品种的推广需要依托科学的模式，以确保育种成果能够快速、广泛地服务于农业生产。推广模式的核心在于建立高效的技术传播体系，结合区域特点制定适宜的推广策略。

品种试验与示范是推广模式的基础环节。多区域、多环境的试验，可以验证环境友好型品种在不同生态条件下的适应性和稳定性。示范田的建设能够直观展示新品种的优势，为农业生产者提供决策依据。

技术培训与农民参与也是推广的重要内容。组织培训班和现场观摩活动，可以提升农业从业者对环境友好型品种的认识和接受度。农民的直接参与不仅能够推动品种的落地应用，还能通过反馈促进育种目标的优化。

推广模式还需要充分利用现代信息技术。建设线上推广平台和远程指导系统，能够扩大育种成果的覆盖范围，提升推广效率。

（二）生态种植技术的配套应用

环境友好型品种的应用需要与生态种植技术相结合，以实现品种潜力的最大化。生态种植技术通过优化农业生产方式，降低资源消耗和环境负担，为绿色育种提供了技术支撑。

精准农业技术是生态种植的核心内容。科研人员借助遥感、GIS和IoT技术，可以实时监测农田环境和作物生长状态，为施肥、灌溉和病虫害防治提供精准方案。这种技术的应用不仅提升了资源利用效率，还能降低生产成本。

轮作与间作技术也是生态种植的重要手段。合理调整作物种植结构，可以改善土壤肥力和生态环境，增强农业系统的可持续性。与环境友好型品种相结合，轮作与间作能够进一步优化资源配置，提高作物生产力。

此外，生物防治技术在减少农药使用方面具有重要作用。引入有益生物，可以抑制病虫害的发生，从而保护生态环境。这一技术与抗病性强的环境友好型品种配合具有良好的协同效应。

（三）环境友好型育种对市场的影响

环境友好型育种在市场中的表现，不仅关系到品种推广的成效，还反映了农业绿色转型的经济价值。随着消费者对健康和可持续发展的关注度日益提升，环境友好型农产品在市场中具有巨大的增长潜力。

绿色认证和品牌建设是推动环境友好型品种市场化的重要手段。通过实施严格的绿色生产标准和认证体系，能够提升绿色农产品的市场竞争力。品牌建设能够增强消费者对绿色农产品的认同感，从而扩大市场需求。

市场推广还需要注重供应链的优化。农户通过与流通企业和电商平台合作，可以提高绿色农产品的市场可及性。建立稳定的供应链体系，有助于实现环境友好型品种的规模化应用。

市场需求的引导作用也不容忽视。开展宣传活动和科普教育，可以提升消费者对绿色农产品的认知水平，从而激发市场对环境友好型品种的消费需求。

（四）政府政策对绿色育种的支持

政府在推动环境友好型育种中的作用至关重要，通过制定科学的政策体系，提供资金支持和技术服务，可以为绿色育种的推广与应用营造良好的环境。

政策支持的重点之一是加大研发投入。设立专项资金和研究项目，可以推动绿色育种技术的创新与突破。同时，政策还应鼓励科研机构与企业的合作，共同构建绿色育种的技术创新体系。

政府还应加强对环境友好型品种推广的指导与监管。制定品种推广的规范标准，可以提高育种成果的应用质量。政策鼓励下的绿色补贴措施，能够有效降低农民采用环境友好型品种的成本，提升其推广积极性。

此外，国际合作政策的实施可以为绿色育种提供更多的资源与技术支持。通过参与国际绿色农业发展计划，政府可以引进先进的绿色育种技术，同时输出本国的育种成果，推动全球农业的绿色转型。

第四节　小麦品质性状改良的市场需求分析

一、小麦品质需求的市场趋势

小麦作为全球重要的粮食和经济作物，其品质需求在消费升级与产业变革的推动下呈现多样化与高标准化的趋势。营养强化、加工性能和区域性特定要求逐渐成为市场关注的焦点，这不仅为品质育种提出了更高要求，也对相关产业链的协同发展提出了新的挑战。下文将从营养强化小麦的需求增长、高筋与低筋小麦市场定位、加工品质对消费市场的影响及区域性市场对品质的特定需求四个方面，系统解析小麦品质性状改良的市场趋势。

（一）营养强化小麦的需求增长

随着全球对健康饮食的关注度持续上升，富含微量元素、膳食纤维及其他营养成分的小麦品种成为市场新宠。营养强化小麦的需求增长，既是消费者健康意识增强的体现，也是食品产业功能性产品开发的直接驱动因素。

研究表明，强化铁、锌等微量元素的小麦品种在应对全球营养不良问题方面具有重要作用。现代分子育种技术通过调控关键基因和代谢途径，大幅提升了小麦籽粒中营养物质的积累水平。此外，膳食纤维含量的增加有助于增强食品的功能性属性，这一特性对满足特定人群的健康需求具有重要意义。

营养强化小麦的市场趋势还受到政策和社会责任的推动。政府及国际组织在粮食营养安全方面的政策支持，为营养强化小麦的研发与推广提供了有力保障。消费者对营养价值的重视，进一步加快了市场对高附加值小麦品种的接受速度。

（二）高筋与低筋小麦的市场定位

高筋与低筋小麦因其在加工性能上的显著差异，在市场中呈现出明确的分化趋势。高筋小麦以其优异的面筋强度和弹性，广泛应用于面包、比萨等高端食品加工领域，而低筋小麦则凭借其低蛋白含量和良好的延展性，在糕点和饼干制作中占据重要地位。

这种市场定位的形成，与消费者饮食偏好及加工需求的变化密切相关。高筋小麦的需求增长，受到西式面食饮食习惯的影响，而低筋小麦则因其多样化的食品加工用途，在全球范围内保持稳定需求。

从育种角度看，高筋与低筋小麦的市场定位直接决定了品种改良的目标方向。研究显示，小麦中与面筋强度相关的基因可以通过分子标记技术精准定位，从而在育种过程中实现高效选择。对低筋小麦而言，淀粉性质及蛋白质含量的调控是改良的核心，相关基因组学研究为这一领域提供了理论支持。

（三）加工品质对消费市场的影响

加工品质是衡量小麦品种市场竞争力的核心指标之一。面粉的吸水率、稳定性及延展性等，直接影响食品加工的效率与成品质量。加工品质的改良不仅提升了小麦的市场价值，也推动了食品产业的技术升级。

随着食品工业的自动化与规模化发展，加工品质对小麦品种的要求日益严苛。高稳定性的面粉能够适应高速生产线的需求，而特定的延展性指标则满足了创新食品的加工要求。研究发现，这些加工品质与小麦中蛋白质、淀粉及其他成分的分子结构密切相关。

加工品质改良还对小麦品种的适应性提出了更高要求。不同区域的加工技术差异及消费者口味偏好，使得小麦品种需要在加工性能上实现更加精准的改良。这一趋势推动了加工品质研究的深入，为满足市场多样化需求奠定了科学基础。

（四）区域性市场对品质的特定要求

区域性市场对小麦品质的需求具有显著的差异性，这种差异源于文化、气候和经济发展水平等多方面的综合影响。满足区域性市场需求的小麦品种，能够显著提升当地的农业竞争力和经济效益。

研究表明，不同区域的气候条件对小麦品质性状的形成具有直接影响。例如，高温或干旱环境下，小麦的蛋白质含量和淀粉性质可能发生显著变化。针对这些差异，育种策略需要根据区域特点进行优化，筛选出适合特定生态条件的优质品种。

区域性市场还受到饮食文化的深刻影响。某些地区对面条或馒头品质的特殊要求，促使小麦品种改良需在面筋强度和淀粉黏性方面进行优化。研究人员通过多点试验和区域适应性评价，能够高效筛选和推广符合区域市场需求的品种。

政府政策和国际贸易也在推动区域性市场需求的变化。一些国家通过关税和进口标准调整，影响了小麦品种的市场流向。育种策略需要在全球化背景下，结合区域特点实现更加精准的品种开发与推广。

二、品质改良在产业链中的作用

小麦品质的改良不仅是农业科技的核心任务，也在整个农业产业链中发挥着至关重要的作用。从食品加工产业的需求，到对农民经济收益的提升，再到出口市场的竞争力增强以及可持续农业的实践，品质改良对产业链的每一个环节都具有深远影响。下文将从食品加工、农民收益、出口市场和可持续农业四个方面，系统分析品质改良在产业链中的关键作用。

（一）优质小麦对食品加工产业的影响

食品加工产业是推动小麦品质需求的主要驱动力。优质小麦品种能够显著提升面粉的加工性能和食品成品的质量，从而优化生产流程，提高产业附加值。加工品质的改良，使小麦产品能够满足多样化的消费需求，为食品工业的持续创新提供了支持。

加工品质的提升主要体现在面筋强度、蛋白质含量和淀粉特性上。研究表明，这些品质性状直接影响面粉的吸水率、延展性和稳定性，对食品加工设备的适配性和生产效率具有重要意义。随着现代食品工业向自动化和高效化方向发展，优质小麦的市场需求呈现持续增长趋势。

此外，小麦品质改良还为食品工业的产品研发带来了更多可能。特定功能性成分的优化，如膳食纤维和抗性淀粉的含量提升，不仅增强了食品的健康属性，还推动了高端食品和功能性食品的开发。优质小麦的多元化应用进一步巩固了其在食品加工产业中的核心地位。

（二）品质提升对农民收益的影响

小麦品质的提升不仅改变了农业生产的技术路线，还对农民的经济收益产生了显著影响。优质小麦品种通常具备更高的市场价值，使农民能够通过种植这些品种获得更高的收入。在推动农业增效增收的同时，品质改良也提高了农民参与现代农业生产的积极性。

研究显示，优质小麦品种的推广能够优化种植结构，提高单位面积的经济效益。这些品种的高品质特性使其更易进入高端市场，从而为农民带来更高的收入。同时，品质改良还通过提升小麦的抗病性和抗逆性，降低了农民的生产成本，间接提高了种植收益。

品质改良对农民收益的提升还体现在农产品销售模式的转型上。通过与加工企业的合作，农民能够更稳定地进入市场，并获得长期的收益保障。这种产业链协同模式，为农民与企业间的合作带来了新契机，促进了农业经济的可持续发展。

（三）品质改良对出口市场的贡献

在国际市场上，小麦品质直接决定了其出口竞争力。品质改良通过优化小麦的营养成分和加工性能，使其更符合国际市场的质量标准和消费偏好，从而扩大了出口市场的份额。

研究表明，营养强化和加工性能良好的小麦品种在国际市场中具有较强的竞争力。借助分子育种技术优化的品种，在籽粒外观、蛋白质含量和淀粉特性等方面表现突出，这些特性满足了不同国家的需求，提高了小麦的出口价值。

出口市场的竞争离不开品质改良的长期支持。随着国际贸易壁垒的增加，小麦品种的改良需要考虑更严格的质量认证和绿色认证标准。通过提升品质，小麦生产国可以在全球粮食市场中占据更有利的位置，从而增强农业经济的外向型增长能力。

（四）品质育种在可持续农业中的作用

品质育种是实现可持续农业目标的重要途径。优化小麦品种的生理特性和生态适应性，可以降低农业生产对环境的影响，同时提高资源利用效率，为农业的绿色转型提供技术支持。

研究发现，高抗逆性的小麦品种能够显著降低化肥和农药的使用量，减少农业面源污染。这种环保型育种策略，不仅改善了生态环境，还为可持续农业的发展提供了有力保障。

此外，品质育种对土壤健康的维护具有积极作用。培育适合有机种植的小麦品种，可以促进土壤微生物的多样性，改善土壤结构，从而提高农业生产的长期稳定性。品质改良的生态效益也体现在对气候变化的适应能力上。耐旱、耐高温品种的推广，有助于缓解极端天气对农业生产的威胁。

品质育种在可持续农业中的作用还体现在社会效益的提升上。推广高品质小麦品种，可以改善粮食的供给质量，提升人类的健康水平。与此同时，这些育种成果的广泛应用，能够促进农业产业链的绿色化转型，为实现全球可持续发展目标贡献力量。

三、市场导向的品质育种策略

市场导向的品质育种策略以消费者需求和产业反馈为核心，旨在通过精准调研、目标调整、产业协作及品牌建设，实现小麦品质性状改良的高效转化与市场化应用。这一策略不仅推动了品质育种技术的创新，也为农业产业链的可持续发展提供了科学方法。下文将从精准调研、目标调整、协作机制及品牌建设四个方面，系统阐述市场导向在品质育种中的实践路径与应用前景。

（一）品质需求的精准调研

精准调研是市场导向的品质育种策略的基础，通过科学的数据采集与分析，能够全面了解消费市场对小麦品质的多样化需求，并为育种目标的设定提供数据支持。调研内容涵盖消费者偏好、产业链需求及区域性特色，为品质育种指明了方向。

现代精准调研技术的核心在于数据采集的系统性与全面性。大数据平台和市场监测系统，可以高效获取与消费者行为、产业需求及市场变化相关的关键信息。这种基于数据驱动的调研方法，不仅提高了市场需求分析的准确性，还能帮助育种者快速响应市场动态。

区域性市场调研是精准调研的重点之一。不同地区的气候条件、消费文化和经济发展水平对小麦品质需求有显著影响。开展区域试验和消费偏好调查，可以优化品种的区域适应性，为多样化市场需求提供定制化解决方案。

（二）基于市场反馈的育种目标调整

市场反馈是品质育种策略的关键驱动因素。通过整合消费市场和食品加工产业的反馈信息，育种者可以对品质育种目标进行动态调整，从而更好地契合市场需求。

育种目标的调整需要依托科学的反馈机制。建立消费者与生产者直接沟通的平台，可以实时收集与小麦品质相关的反馈数据。这些信息不仅为育种目标的优化提供了重要参考，也为育种方向的战略性调整奠定了基础。

在目标调整的实践中，动态性和灵活性是关键。研究表明，小麦的面筋强度、蛋白质含量及淀粉性质是消费市场反馈中关注的核心指标。结合反馈信息对这些性状进行定向改良，可以提升品种的市场竞争力。

此外，市场反馈还推动了育种方法的创新。通过引入多组学技术和AI算法，育种者能够高效解析市场需求与遗传基础之间的关系，从而实现育种目标的精准优化。

（三）产业化育种的协作机制

产业化育种的协作机制通过整合多方资源，实现了品质育种从研发到推广的高效转化。协作机制的建立，促进了科研机构、种子企业和农业生产者之间的合作，为小麦品质性状改良的产业化应用提供了有力保障。

协作机制的核心在于资源的优化配置。科研机构通过技术创新提供育种支持，种子企业利用市场优势加速品种推广，而农业生产者则通过田间试验为品种改良提供反馈。这种多方协作模式，显著提升了育种成果的转化效率。

产业链协作还需要建立完善的利益分配机制。合同农业和种植联盟，可以实现种植者与企业间的风险共担与收益共享。这种模式不仅增强了产业链的稳定性，还提高了小麦品质改良的经济效益。

协作机制的优化还需要政策和技术的支持。政府通过政策引导，为产业链协作提供法律保障；同时，智能技术和数字平台的应用，可以提升协作效率，为小麦品质改良的推广创造更大的空间。

（四）品质育种与品牌建设的结合

品质育种与品牌建设的结合，是实现小麦品质性状市场价值最大化的有效途径。打造优质小麦品牌，能够提升产品的市场竞争力和消费者信任度，为育种成果的推广提供持续动力。

品牌建设的核心在于品质的稳定性和独特性。在育种过程中引入质量认证体系，可以确保小麦品种在生产环节中一致性。同时，挖掘小麦品种的独特性，为品牌塑造提供差异化优势。

品牌建设还需要注重市场推广和消费者教育。组织品鉴活动和线上线下结合的推广方式，可以提升消费者对优质小麦品牌的认知度和接受度。这种品牌化的运作模式，不仅有助于增强小麦品种的市场影响力，还能推动整个农业产业的升级。

此外，品牌建设的成功离不开区域资源的整合。结合地方特色和文化元素，打造具有地域标志的小麦品牌。这种地域性品牌模式，不仅满足了区域市场的特定需求，还增强了区域农业经济的活力。

第六章
逆境胁迫下的小麦育种研究

第一节　小麦抗旱性改良的遗传机制

一、抗旱性的生理基础

抗旱性是小麦应对干旱胁迫时的一种综合性状，由多种生理和遗传机制共同决定。在逆境胁迫下，植物需调控其内在的生理活动来保持代谢平衡，进而增强对干旱环境的适应能力。下文将结合小麦抗旱性的主要生理基础，阐明其核心机制及科学依据，旨在为抗旱性改良提供理论支撑和实践参考。

（一）水分利用效率的遗传控制

水分利用效率是衡量植物在干旱环境中保持生产力的重要指标，其本质是单位水分消耗所能形成的有机物质量。近年来，关于小麦水分利用效率的研究逐步深入，揭示了多层次遗传控制的复杂性与多样性。这一生理机制的核心在于叶片气孔调节与光合碳同化效率的协同作用。小麦通过动态调整气孔导度平衡水分蒸腾与二氧化碳吸收，进而实现高效的水分利用。

研究表明，气孔调节不仅受内源性激素的调控，还涉及复杂的基因调节网络。ABA在水分利用效率调控中扮演着关键角色，其通过激活信号转导通路调节气孔开闭，增强植物抗旱能力。进一步的全基因组关联研究揭示了特定转录因子（如bZIP类转录因子）能够靶向作用于气孔调节基因，显著提高小麦的水分利用效率。此外，跨越多代的表观遗传学研究证实，DNA甲基化修饰在气孔调控基因表达的稳定性中发挥重要作用，这一发现为抗旱分子育种带来了新思路。

水分利用效率的优化离不开光合作用效率的提升。光合速率的遗传改良策略主要集中于提高光合关键酶的活性和稳定性，例如编码Rubisco酶的小麦基因在干旱环境中的表达优化研究，已揭示了多种调控机制。与此同时，与光合电子传递链相关的蛋白复合体，其亚基结构的改良也被证实能够显著提高小麦的光合效率和抗旱性。近年来，随着多组学技术的普及，与水分利用效率相关的基因调控网络逐渐清晰，为高效抗旱小麦的培育提供了理论支持。

此外，小麦根系对水分的吸收效率在水分利用效率的遗传控制中也起到了至关重要的作用。根系水分转运蛋白的表达调控，尤其是与PIP家族基因相关的功能研究，表明这些基因通过增强细胞水分吸收能力，在提高整体水分利用效率方面具有潜力。转录组学和代谢组学的最新成果，可以进一步优化根系吸水效率和整体水分利用机制，为实现小麦的抗旱性改良提供全方位的遗传依据。

（二）气孔调控与抗旱性

气孔是植物调节水分与气体交换的关键部分，其在干旱条件下的调控能力直接影响小麦的生理适应性和抗旱表现。气孔导度是衡量植物蒸腾与光合作用平衡性的重要指标，干旱环境下的气孔动态调节能力决定了小麦的存活率和生产力。小麦通过调控气孔密度、分布及其动态开闭机制，减轻干旱胁迫带来的不利影响。

现代研究表明，小麦的气孔调控过程受到多种信号传导路径的调节，其中ABA信号路径占据核心地位。ABA通过诱导叶片细胞内钙离子浓度的增加，激活特定的离子通道蛋白，从而引发气孔关闭。这一过程涉及SnRK2家族蛋白激酶的活化及其对气孔调节基因的调控。在此基础上，单细胞RNA测序技术进一步揭示了气孔开闭过程中基因表达的动态变化，为解析小麦的气孔调控网络提供了全新视角。

气孔调控能力不仅与基因功能密切相关，还受到环境因子的显著影响。温度、水分、光强等因素通过光周期信号和植物内源性生物钟共同调控气孔行为。近年来，小麦气孔调控的分子机制逐步完善，尤其是在表观遗传层面上的研究取得了重要进展。DNA甲基化和组蛋白修饰被证实对气孔相关基因的表达具有重要影响，这为抗旱育种提供了创新的遗传学工具。

在遗传层面，气孔分布和密度的调控与多个基因位点密切相关。研究发现，EPF类基因家族在气孔发育过程中具有重要作用，其通过抑制气孔前体细胞的分裂，影响最终的气孔密度。这一调控过程与植物内的激素水平呈现高度相关性，特别是细胞分裂素和ABA在气孔发育调控中的作用逐步被揭示。育种者通过对相关基因的功能验证与编辑，可以进一步优化小麦气孔调控能力，为抗旱性改良奠定基础。

（三）根系结构的功能特性

小麦的根系是获取水分的主要器官，其结构特性直接决定了植物对土壤水资源的利用效率。在干旱环境下，小麦通过增强根系深度、长度和分枝密度，优化水分吸收能力，从而提高抗旱性。现代基因组学和表型组学技术的结合，为解析小麦根系结构的遗传调控机制提供了重要支持。

研究发现，控制根系深度的基因具有高度保守性。DRO1类基因通过调节根尖细胞的生长极性，显著影响根系的垂直生长能力。此外，根系分枝与侧根发育的遗传调控涉及多个转录因子家族，例如ARF和LRP类基因，通过调节IAA信号通路，精确控制根系结构的空间分布。根系发育的分子机制还与环境信号密切相关，例如在干旱胁迫下，IAA分布的重新定位有助于优化根系的功能特性。

细胞水平的研究表明，根系细胞的渗透调节能力对吸水效率具有重要影响。Aquaporin家族基因在干旱环境下的表达上调显著增强了水分吸收能力，同时与钾、钙等离子转运相关的基因也通过调节细胞内外的离子平衡，帮助小麦适应干旱条件。这些机制为高效根系系统的育种提供了理论依据。

基于多组学整合分析，根系与叶片之间的水分信号传递机制逐步被揭示。植物通过根冠间信号传递调节水分的获取和分配，尤其是干旱胁迫下的ABA信号发挥了核心作用。这一复杂的生理调控网络为抗旱育种提供了重要参考，为实现小麦水分高效利用和抗旱性的综合提升奠定了坚实基础。

（四）渗透调节物质的积累

小麦应对干旱胁迫的重要机制之一是通过积累渗透调节物质维持细胞的水分平衡。渗透调节物质的类型包括多糖、氨基酸、无机离子等，其在干旱条件下的积累机制和作用方式受到广泛关注。基于代谢组学研究，干旱胁迫条件下小麦的渗透调节物质合成途径逐步清晰，这为抗旱育种提供了重要靶点。

渗透调节物质的积累与多种关键酶的活性密切相关。研究表明，控制脯氨酸合成的关键酶P5CS在干旱胁迫下显著上调，其催化的脯氨酸合成速率直接影响细胞渗透压水平。进一步的代谢组学研究发现，糖类物质在渗透调节中的作用不仅是维持细胞渗透压，还涉及抗氧化功能的实现。此外，钾、钙等无机离子通过离子通道蛋白的调控，优化了细胞的离子平衡，为抗旱性提供了生理支持。

信号分子的协同作用对渗透调节机制的维持具有重要意义。乙烯、水杨酸等信号分子通过调节渗透相关基因的表达，实现了小麦在干旱条件下的快速响应。这些调控过程的分子机制被RNA-Seq技术揭示，为分子育种策略的优化提供了新的理论支撑。

二、抗旱基因的鉴定与定位

抗旱性是小麦适应干旱环境的重要性状，对其遗传基础的解析是现代育种研究的核心课题之一。通过综合运用传统遗传学和现代分子生物学技术，抗旱基因的鉴定与定位取得了突破性进展，为抗旱性状改良提供了精准靶点和实践依据。下文将从抗旱性相关QTL的定位、抗旱主效基因的发现、抗旱基因的功能验证及GWAS四个方面展开阐述，旨在系统揭示小麦抗旱性遗传机制的复杂性与多样性。

（一）抗旱性相关 QTL 的定位

抗旱性作为复杂的数量性状，其遗传基础由多基因作用和环境互作共同决定。QTL的精准定位是揭示这一复杂遗传机制的关键技术。通过构建高分辨率的遗传图谱，研究者能够确定与抗旱相关的遗传变异，并解析其在不同生理性状上的贡献。近年来，随着HTS技术的发展，QTL定位技术取得了显著进步，为抗旱育种提供了强有力的支持。

传统的QTL定位方法依赖于双亲群体的遗传图谱构建和分子标记开发，这种方法在解析抗旱性复杂性状方面受到一定限制。然而，新兴的全基因组扫描技术极大地拓展了研究范围，能够覆盖整个基因组的所有遗传变异位点。这一技术的应用显著提高了QTL定位的精确性，并揭示了大量与抗旱性状相关的重要位点。这些位点涉及多个关键性状，包括水分利用效率、气孔行为、根系结构、光合效率等，为后续基因功能研究提供了靶点。

此外，近年来基于MET的QTL研究进一步深化了对抗旱性的理解。这些研究结合不同环境条件下的表型数据与遗传信息，解析了基因型与环境互作对抗旱性状的调控作用。这种方法不仅能够识别稳定发挥作用的QTL，还能够揭示特定环境条件下的条件性QTL，为育种实践提供了更具针对性的指导。

QTL定位研究的进一步拓展还依赖于多组学数据的整合。结合转录组学、代谢组学和表观遗传学数据，研究者能够从多层次解析QTL的功能机制。这一过程为挖掘与抗旱性状相关的候选基因提供了重要参考，同时也为理解抗旱性复杂网络的调控提供了新视角。随着技术的不断进步，QTL定位正逐步实现从单一性状分析向系统性、多维度解析的转变，为精准抗旱育种奠定了坚实的理论基础。

（二）抗旱主效基因的发现

抗旱主效基因的发现是解析小麦抗旱性遗传基础的重要环节。这些基因在调控抗旱性状方面具有决定性作用，其功能的解析为抗旱性改良提供了直接靶点。现代分子生物学技术的发展使得主效基因的挖掘进入了高效精准的阶段，为抗旱育种的理论和实践带来了革命性变化。

抗旱主效基因的研究以图位克隆技术为基础，通过高密度分子标记与遗传图谱的结合，逐步锁定目标基因在染色体上的位置。这一技术的进步使得抗旱性主效基因的定位更加精准，为后续的功能验证奠定了基础。此外，GWAS的引入进一步提升了主效基因的挖掘效率。通过分析自然群体的基因型和表型数据，研究者能够快速识别与抗旱性状相关的主效基因，并解析其调控网络。

近年来，功能基因组学技术的发展进一步加速了主效基因的发现进程。通过RNA-Seq、蛋白质组分析和表观遗传学研究，研究者能够全面解析主效基因的表达调控和生物学功能。这些研究揭示了抗旱主效基因在多种生理机制中的核心作用，包括水分利用效率的调控、渗透调节能力的增强以及根系发育的优化等。

主效基因功能研究的深入依赖于先进的基因编辑技术。以CRISPR/Cas9为代表的编辑工具使得目标基因的功能验证更加高效精准。研究者能够通过特异性敲除或过表达特定基因，直接评估其对抗旱性状的影响。这一技术的应用不仅为抗旱基因功能解析提供了强有力的工具，也为将主效基因应用于育种实践提供了保障。

随着组学技术的不断完善，抗旱主效基因的挖掘和功能验证将变得更加高效和全面。这些基因的发现和应用为精准抗旱育种提供了丰富的基因资源，为提高小麦的抗旱性状奠定了重要基础。

（三）抗旱基因的功能验证

抗旱基因功能验证是揭示其生物学作用及实际育种价值的重要环节。通过基因功能研究，可以明确基因在抗旱性状中的具体作用，并为小麦抗旱性改良提供理论依据。现代分子生物学技术的发展为抗旱基因功能验证提供多种有效手段，使得研究更加高效和精确。

抗旱基因的功能验证通常以遗传转化技术为基础。通过将目标基因导入模式植物或目标作物，研究者可以直接观察其对抗旱性状的影响。转基因植物在干旱胁迫下的表现能够清晰展现基因的功能特性，为进一步研究提供实验依据。此外，RNA干扰技术通过抑制特定基因的表达，为解析基因的功能贡献提供了另一种重要方法。这些技术的结合使得抗旱基因的功能验证更加全面。

近年来，高通量组学技术的应用进一步丰富了抗旱基因功能验证的方法。结合转录组学和蛋白质组学分析，研究者能够从多层次解析抗旱基因的调控机制。例如，转录组学技术能够揭示目标基因在不同胁迫条件下的表达模式，而蛋白质组学则为理解基因产物的功能作用提供了直接证据。这些数据的整合为构建抗旱性状的分子网络提供了重要参考。

基因编辑技术的进步为抗旱基因功能验证带来新的可能。借助CRISPR/Cas9等工具，研究者能够实现目标基因的精准编辑，从而直接评估其在抗旱性状中的作用。基因敲除和定点突变等技术的联合使研究更加深入，为验证抗旱基因的具体功能提供了强有力的技术支持。

抗旱基因功能验证的最终目的是将研究成果转化为实际应用。经过功能验证的基因能够作为育种的直接靶点，为抗旱性状的改良提供基因资源。在这一过程中，多组学数据的整合分析为优化抗旱性状提供了重要指导，有助于小麦抗旱育种在理论和实践层面实现双重突破。

（四）GWAS

GWAS是一种高效挖掘抗旱基因的技术，通过分析自然群体的基因型和表型数据，揭示抗旱性状的遗传基础。这一技术的发展为复杂性状的遗传解析提供了全新的工具，使抗旱基因的挖掘工作更加高效和精准。

GWAS研究依赖于HTS技术的支持，通过构建全基因组范围内的遗传变异数据库，研究者能够快速筛选与抗旱性状相关的功能位点。这一技术的优势在于其不依赖于传统的作图群体，能够直接在自然种质群体中识别抗旱基因。这种全基因组扫描方法的应用显著提高了抗旱性状的研究效率，为小麦抗旱性改良提供了重要参考。

此外，GWAS结合多组学数据的整合分析使研究更加深入。结合关联分析与转录组学、代谢组学数据，研究者能够从多层次解析抗旱基因的功能机制。例如，结合基因表达模式分析可以揭示目标基因在不同环境条件下的调控网络，而代谢组数据则为理解抗旱性状的代谢基础提供了重要信息。这些数据的整合为全面解析抗旱性的遗传基础提供了新思路。

近年来，GWAS研究的进一步发展集中于提高定位精度和功能解析能力。通过引入MET和混合模型分析，研究者能够识别出更加稳定的抗旱基因。这一过程不仅揭示了抗旱性状的遗传机制，还为育种实践提供了具体的分子靶点。随着高通量组学技术的不断发展，GWAS在抗旱基因挖掘中的应用将更加广泛，为提高小麦抗旱性状奠定了坚实的基础。

三、抗旱育种的分子手段

在小麦抗旱性改良研究中，分子手段的应用极大地加速了抗旱育种的进程。分子标记、基因编辑、种质资源开发以及基因堆叠等技术的综合运用，使研究者能够更加精准地解析抗旱性状的遗传机制并有效提升育种效率。下文将系统探讨这些分子手段的最新进展及其在抗旱育种中的应用价值。

（一）分子标记辅助抗旱改良

分子标记技术为抗旱育种提供了重要的支持，其通过直接检测目标基因或与目标性状紧密关联的遗传变异，显著提高了育种的效率与准确性。MAS作为现代育种的重要手段，不仅能够有效缩短育种周期，还能将抗旱相关基因精准导入目标品种。

在抗旱育种中，分子标记的开发与应用主要集中于抗旱相关QTL和主效基因的识别与选择上。随着GWAS和GS的广泛应用，高通量分子标记的开发实现了从SSR标记到SNP标记的跨越。特别是基于SNP芯片技术的高密度图谱构建，为抗旱性状的分子标记提供了高分辨率工具。

此外，借助基因型与表型数据的关联分析，MAS能够在多环境条件下筛选出具有广泛适应性的抗旱基因，并将其应用于复杂抗旱性状的多基因聚合。通过优化标记间的连锁不平衡结构，研究者能够进一步提升分子标记的选择效率，为复杂性状的改良奠定了基础。

分子标记的应用不仅是对抗旱性状的选择，还可用于监控基因流动和评估育种群体的遗传多样性。通过追踪目标基因在育种过程中的动态变化，研究者能够精准调整育种策略，提高实现育种目标的成功率。未来，随着多组学数据的整合与AI技术的引入，分子标记技术将在抗旱育种中发挥更大的作用。

（二）基因编辑在抗旱性状改良中的应用

基因编辑技术的迅猛发展为抗旱育种开辟了全新的路径。以CRISPR/Cas9为代表的基因编辑工具因其精准、高效和灵活的特点，成为解析抗旱性状遗传基础和改良抗旱性状的重要手段。通过靶向编辑关键抗旱基因，研究者能够直接提升目标性状的表现，从而实现快速育种。

在基因编辑的实际应用中，靶点选择是关键环节。基于高通量组学技术的抗旱基因挖掘为基因编辑提供了重要靶标。通过对抗旱相关QTL和主效基因的功能研究，研究者能够筛选出对水分利用效率、气孔调控、根系发育等具有显著影响的候选基因，并利用基因编辑工具实现精准调控。

基因编辑技术的灵活性不仅体现在基因敲除和过表达上，还包括对基因调控元件的优化。近年来，基因组范围内的调控元件编辑成为研究热点，通过编辑启动子、增强子等调控区域，研究者能够实现对基因表达水平的精确调控，为抗旱性状的优化提供更多选择。此外，定点突变技术在挖掘功能变异和改良抗旱性状方面也具有重要应用价值。

基因编辑技术的应用价值还体现在与传统育种方法的结合上。结合基因编辑技术与MAS，研究者能够显著提高抗旱性状改良的效率，并加速优良基因的聚合过程。这一技术的跨越式发展为解决干旱环境对小麦生产的限制问题提供了强有力的工具。

（三）抗旱种质资源的开发与利用

抗旱种质资源是抗旱育种的基石，其多样性和特异性为挖掘抗旱基因奠定了丰富的遗传基础。通过对自然种群和栽培品种的抗旱性状表型和基因型的系统研究，研究者能够筛选出适应性强、抗旱能力突出的种质资源，为抗旱性状改良提供种质支持。

抗旱种质资源的开发离不开多组学技术的支撑。通过整合基因组学、转录组学和代谢组学数据，研究者能够全面解析抗旱种质的遗传特性。特别是WGS技术的应用，使抗旱种质的基因组变异被高效解析，为抗旱相关基因的挖掘和功能验证提供了关键数据。

种质资源的利用主要体现在抗旱相关基因的导入与聚合上。结合传统杂交育种方法与现代分子手段，研究者能够将抗旱基因精准转移到目标品种中，并通过多代回交和选择加快育种进程。此外，种质资源的创新利用还体现在抗旱复合性状的综合改良上。通过挖掘和利用种质中的多基因效应，研究者能够实现多性状协同优化，为应对复杂环境胁迫提供系统解决方案。

抗旱种质资源的开发还包括对野生小麦种质的深入挖掘。这些野生种质由于长期适应干旱环境，携带了大量独特的抗旱基因。结合回交育种和基因编辑技术，研究者能够将野生种质中的抗旱基因高效转化到栽培种中，从而增强其抗旱能力。

（四）基因堆叠技术的应用

基因堆叠技术是抗旱育种领域的重要进展，其核心在于通过聚合多个抗旱相关基因，实现性状的协同优化。这一技术的应用能够有效提升小麦的抗旱能力，并打破单一基因改良的局限性。

基因堆叠的实现依赖于精确的基因鉴定和高效的基因转移技术。结合GWAS和多基因编辑技术，研究者能够快速识别具有协同作用的抗旱基因，并将其聚合到相同的遗传背景中。这一过程需要综合考虑基因间的互作效应，以确保基因堆叠后的功能稳定性和性状提升效果。

基因堆叠技术的优势在于其多维度的改良潜力。通过聚合与水分利用效率、根系发育、气孔调控等相关的多种基因，研究者能够显著提升小麦对复杂干旱环境的适应能力。此外，基因堆叠技术的应用还可以实现抗旱性状与其他重要农艺性状的协同优化，为全面提升小麦生产性能提供了技术保障。

随着合成生物学技术的快速发展，基因堆叠技术的应用进入精准设计的新阶段。通过对基因表达网络的全面解析，研究者能够对目标基因的表达水平和调控机制进行精确优化，实现性状的定向改良。这项技术的应用为小麦抗旱育种的未来发展开辟了广阔前景。

第二节　盐碱地小麦品种的培育与推广

一、盐碱胁迫对小麦生长的影响

盐碱胁迫是限制小麦生长和产量的主要逆境因子之一，其通过离子毒害、渗透胁迫和生态失衡等多种途径对小麦生长产生显著影响。盐碱胁迫不仅破坏植物的细胞代谢平衡和离子稳态，还对土壤环境造成深远影响，进而加剧胁迫效应。下文将从高盐胁迫的离子毒害、碱性环境的渗透胁迫、土壤盐碱化的生态效应以及小麦在胁迫条件下的抗逆适应机制四个方面，系统探讨盐碱胁迫对小麦生长的作用机制及其生理响应。

（一）高盐胁迫的离子毒害

高盐胁迫对小麦的最直接影响是离子毒害，其主要表现为钠离子和氯离子的过量积累。盐分进入植物体内后，会破坏细胞内的离子平衡，导致细胞质膜的电位差异常，抑制正常的离子运输和代谢活动。钠离子过量积累还会竞争性抑制钾离子的吸收，从而干扰多种与钾离子相关的酶促反应和信号传递。

研究表明，高盐胁迫下小麦细胞内的钠离子浓度会显著升高，离子毒害通过ROS的过量生成进一步加重细胞损伤。ROS能够引发脂质过氧化、蛋白质氧化和DNA损伤，导致细胞膜结构破坏，甚至细胞死亡。与此同时，小麦通过激活钠离子排出和隔离机制来降低离子毒害的程度。具体而言，在盐胁迫下小麦细胞质膜上的钠离子外排泵（如SOS1蛋白）和液泡膜上的钠离子隔离蛋白（如NHX类蛋白）共同作用，将多余的钠离子转运到细胞外或液泡内，以维持细胞内离子平衡。

此外，小麦根系对离子毒害的敏感性也与其离子选择性吸收能力密切相关。高效钾钠选择性吸收机制能够显著提高小麦对盐胁迫的耐受力，这一过程受到多种钾通道蛋白和转运体的调控。近年来，基因组学和表观遗传学研究进一步揭示了这些离子运输相关基因的调控机制，为抗盐育种提供了重要靶点。

（二）碱性环境的渗透胁迫

碱性环境中，小麦受到的渗透胁迫主要源于土壤溶液的高渗透压和碱性离子的直接作用。高渗透压会导致植物细胞水分流失，从而引发质壁分离和代谢紊乱，而碱性离子则通过改变细胞内pH值和酶活性进一步加重胁迫效应。

在碱性条件下，小麦借助渗透调节机制降低细胞内外的渗透压差，以维持细胞的正常功能。渗透调节物质的积累是小麦应对碱性胁迫的主要方式，包括脯氨酸、甜菜碱和可溶性糖类等。这些物质不仅能够维持细胞内的水分平衡，还参与ROS的清除和膜结构的稳定。此外，小麦根系在碱性胁迫下的表现也对渗透胁迫的响应具有重要作用。研究发现，在盐碱胁迫条件下，根系的深度和密度会显著影响小麦的水分获取能力，而根系活性与抗氧化酶系统的协同作用进一步增强了小麦对渗透胁迫的适应性。

渗透胁迫的分子调控机制涉及多个信号传递通路，包括ABA信号通路、钙信号通路及丝裂原活化蛋白激酶（MAPK）信号通路等。这些通路能够感知外界渗透压的变化，激活相关抗逆基因的表达，进而增强小麦对渗透胁迫的适应能力。结合多组学技术的研究揭示了这些信号通路间的复杂互作关系，为抗碱性育种奠定了理论基础。

（三）土壤盐碱化的生态效应

土壤盐碱化不仅直接影响小麦的生长，还会通过改变土壤微生物群落结构和土壤理化性质，对农田生态系统的稳定性造成威胁。盐碱化土壤中，钠离子的过量积累会导致土壤团粒结构的破坏和孔隙度的降低，从而显著削弱土壤的透气性和保水性。此外，碱性离子的增加使得土壤pH值升高，进一步限制了营养元素的有效性，尤其是磷、铁、锰等微量元素的吸收利用。

研究表明，土壤盐碱化还会对土壤微生物群落的多样性和功能产生深远影响。高盐碱环境下，土壤中有益微生物的活性受到抑制，而耐盐碱微生物的比例显著增加。这种微生物群落的变化不仅影响小麦的养分吸收，还可能通过植物—微生物互作改变植物的抗逆性状。此外，土壤盐碱化还会导致温室气体排放增加，对气候变化产生负面影响。

为缓解土壤盐碱化带来的生态效应，近年来的研究提出了多种改良策略，包括生物改良和化学改良。例如，耐盐碱菌剂的应用能够通过调控微生物群落结构，增强小麦的抗逆能力；而石膏和有机肥的施用则能够改善土壤结构和营养供给，为小麦生长提供良好的土壤环境。

（四）小麦在胁迫条件下的抗逆适应机制

在盐碱胁迫条件下，小麦展现出多层次的抗逆适应机制，其核心在于通过生理、分子和代谢途径的综合调控，维持正常的生长发育。小麦在胁迫下的生理响应主要集中于水分平衡的维持、离子稳态的调控和抗氧化系统的激活。

水分平衡的维持依赖于高效的水分转运系统和渗透调节机制。小麦通过调控水通道蛋白的表达和活性，增强细胞对水分的吸收和运输能力，从而有效缓解胁迫引起的水分流失。此外，渗透调节物质的积累不仅是维持细胞水分平衡的重要途径，也在保护细胞结构和功能方面发挥了关键作用。

离子稳态的调控是小麦适应盐碱胁迫的重要策略。借助离子选择性吸收和转运系统，小麦能够有效排除多余的钠离子，同时维持钾离子、钙离子等关键元素的平衡。研究表明，SOS信号通路在调控小麦离子稳态方面具有核心作用，通过激活钠离子排出泵和钾离子转运通道，为小麦提供了重要的适应机制。

抗氧化系统的激活在缓解胁迫引起的氧化损伤中起到重要作用。通过提高SOD、POD和过氧化氢酶（CAT）等抗氧化酶的活性，小麦能够有效清除ROS，保护细胞膜和蛋白质免受氧化损伤。近年来，基因组学和蛋白质组学研究进一步揭示了抗氧化相关基因的调控网络，为抗逆性育种提供了科学依据。

胁迫适应机制的复杂性体现了小麦在长期进化过程中形成的独特策略。未来，深入研究盐碱胁迫条件下小麦的适应机制，可以为培育抗盐碱品种提供重要的理论支持和实践指导。

二、抗盐碱性状的遗传基础

抗盐碱性状是小麦适应盐碱胁迫的重要特性，其遗传基础由复杂的基因网络、信号通路及表观遗传调控共同构成。解析这些遗传机制不仅有助于深入理解小麦的抗逆生理，也为抗盐碱育种提供了理论支撑。下文将从抗盐碱基因的发掘与定位、盐碱胁迫相关信号通路、表观遗传调控在抗盐碱中的作用以及抗盐碱性状的遗传变异分析四个方面，全面阐述抗盐碱性状的遗传基础。

（一）抗盐碱基因的发掘与定位

抗盐碱基因的挖掘是解析抗逆机制的基础，也是抗盐碱性状改良的前提。现代基因组学技术的发展显著提高了抗盐碱基因发掘的效率，研究者借助多种手段锁定了与抗盐碱性状相关的重要基因位点。这些基因主要参与离子平衡调控、渗透调节和ROS清除等过程，为小麦在盐碱胁迫环境下的生长提供了支持。

基于QTL定位技术的研究发现，小麦抗盐碱性状的遗传基础呈现多基因调控的特点。利用高密度分子标记，研究者能够识别分布于不同染色体上的抗盐碱QTL位点，这些位点与钠离子外排、钾离子吸收及渗透调节能力密切相关。GWAS的应用进一步提升了抗盐碱基因定位的精确性，使研究者能够在自然群体中识别具有抗盐碱潜力的功能基因。

随着单细胞测序和转录组学技术的发展，抗盐碱基因的表达调控网络得以清晰呈现。研究表明，多数抗盐碱基因在盐碱胁迫下表现出动态调控特性，这种表达的时间与空间特异性为抗逆性状的改良提供了重要线索。结合表型组学数据，研究者能够从系统水平解析基因的功能效应及其与环境因子的交互关系，为精准抗盐碱育种提供支持。

（二）盐碱胁迫相关信号通路

盐碱胁迫的响应机制涉及多个信号通路的激活与协同调控。小麦在感受到盐碱胁迫后，通过一系列信号传递过程启动抗逆基因的表达，这些信号通路包括钙信号通路、ABA信号通路、ROS信号通路及MAPK信号通路等。

钙信号通路是盐碱胁迫响应中的关键机制之一。在胁迫条件下，胞质钙离子浓度的快速变化作为初始信号，能够激活一系列钙依赖性蛋白激酶（CDPK），进而引发抗逆基因的表达调控。研究表明，CDPK家族成员的特异性激活对钠离子排出和钾离子吸收具有显著促进作用，从而增强小麦的离子稳态调控能力。

ABA信号通路在调控小麦抗盐碱性状方面发挥着核心作用。在盐碱胁迫下，ABA的快速积累能够通过PYR/PYL受体激活SnRK2家族蛋白激酶，这些激酶进一步调控渗透调节基因和抗氧化基因的表达，帮助植物缓解胁迫引起的渗透胁迫和氧化损伤。此外，ABA信号与钙信号的交互作用显著提升了胁迫信号的传递效率，为抗逆机制提供了多层次的调控。

ROS信号通路作为物应对盐碱胁迫的重要响应机制，通过调节氧化还原平衡参与细胞防御。研究表明，ROS不仅是胁迫信号的传递分子，还是小麦激活抗氧化系统的诱导因子。在ROS信号的调控下，小麦能够快速增强抗氧化酶系统的活性，清除过多的ROS，减轻胁迫引起的氧化损伤。

MAPK信号通路作为胁迫响应的核心调控网络，通过磷酸化级联反应放大信号传递效率。研究发现，MAPK信号通路能够调控多种抗逆基因的表达，并与钙信号、ABA信号等形成复杂的交互网络。这种多层次的信号调控为小麦提供了灵活的抗逆策略。

（三）表观遗传调控在抗盐碱中的作用

表观遗传调控在小麦抗盐碱性状中的作用日益受到关注，其通过DNA甲基化、组蛋白修饰及非编码RNA的调控，介导抗盐碱基因的动态表达调控。表观遗传学研究为解析小麦抗盐碱性状的适应机制提供了新的视角。

DNA甲基化在盐碱胁迫中的作用主要体现在基因表达的调控上。研究表明，在盐碱胁迫条件下小麦基因组中某些关键基因的启动子区域，会出现高水平的DNA甲基化，这种表观修饰会抑制相关基因的表达，从而降低能量消耗，帮助植物渡过胁迫期。与此同时，去甲基化过程的激活则能够增强抗逆基因的表达，提升小麦的抗盐碱能力。

组蛋白修饰是另一种重要的表观遗传调控方式。通过组蛋白乙酰化、甲基化及磷酸化等修饰，小麦能够调控抗盐碱基因的染色质状态和转录活性。研究表明，盐碱胁迫下小麦抗逆基因的表达与组蛋白H3K9的乙酰化水平密切相关，这种表观修饰能够增强基因的转录活性，促进抗盐碱基因的表达。

非编码RNA在抗盐碱调控中的作用逐渐被揭示。小RNA和长非编码RNA通过靶向调控抗盐碱基因的表达，介导基因表达网络的动态调控。研究发现，在盐碱胁迫条件下某些miRNA能够通过降解特定转录因子的mRNA，间接调控抗盐碱基因的表达，从而增强小麦的抗逆性。

（四）抗盐碱性状的遗传变异分析

抗盐碱性状的遗传变异为小麦的适应性进化和育种改良提供了丰富的遗传资源。通过对抗盐碱性状的遗传变异进行系统分析，研究者能够挖掘潜在的功能基因，并为抗盐碱性状改良提供理论依据。

传统的表型评估方法揭示了抗盐碱性状在小麦品种间的显著差异，这些差异与环境条件和遗传背景密切相关。借助现代分子生物学技术，研究者能够通过基因组测序和分子标记技术解析遗传变异的来源及其对抗盐碱性的贡献。研究表明，抗盐碱性状的遗传变异集中在与离子平衡调控、渗透调节和信号传递相关的基因上，这些变异为小麦在盐碱胁迫下的生存提供了重要支持。

多组学数据的整合为遗传变异分析提供了全面的视角。结合基因组学、转录组学和代谢组学数据，研究者能够构建抗盐碱性状的分子网络，并解析基因间的互作关系。这一过程为精准育种和多基因协同优化提供了理论支持。

抗盐碱性状的遗传变异分析还为种质资源的筛选和利用提供了依据。通过识别具有显著遗传变异的种质资源，研究者能够快速筛选出适应性强的材料，并将其应用于抗盐碱育种实践中，从而推动抗逆性小麦品种的创新发展。

三、抗盐碱小麦品种的培育方法

抗盐碱小麦品种的培育是应对盐碱胁迫、提升农田生产力的关键举措。通过筛选抗盐碱种质资源，结合传统与现代育种技术，开展基于分子育种的改良及区域适应性试验，研究者能够显著提升抗盐碱品种的育种效率与适用性。下文将系统探讨抗盐碱小麦品种培育的具体方法及其最新进展，为抗盐碱育种研究提供理论支撑和实践参考。

（一）抗盐碱种质资源的筛选

抗盐碱种质资源的筛选是小麦抗盐碱品种培育的基础工作，旨在发掘具有优异抗盐碱能力的种质，为育种工作提供优质遗传材料。在盐碱胁迫下，小麦的生理响应和基因表达模式因遗传背景的不同而存在显著差异，通过系统筛选能够识别出适应性强的品种。

种质筛选的过程涉及多种评价指标的综合分析。通过表型观测和生理指标测定，研究者可以评估种质资源在盐碱胁迫下的适应能力。例如，植物的相对含水量、钠钾比及渗透调节物质含量都是衡量抗盐碱性的关键指标。此外，结合现代组学技术，利用基因型分析能够进一步揭示抗盐碱性状的遗传基础，为种质筛选提供分子层面的依据。

野生小麦和近缘种质因其长期适应逆境环境而成为抗盐碱种质的重要来源。研究表明，这些种质中蕴含着大量优异的抗盐碱基因，通过遗传转移和杂交育种能够显著提升栽培小麦的抗盐碱能力。同时，区域种质资源的深入挖掘和利用为多样性抗盐碱育种提供了更广阔的空间。

抗盐碱种质筛选的未来发展方向包括构建全球化种质资源库，并结合AI技术进行数据挖掘和快速筛选。这些进展将显著提高筛选效率，为抗盐碱小麦品种的创新发展提供强有力的支撑。

（二）传统与现代技术的结合

传统育种方法与现代分子技术的结合为抗盐碱小麦品种的培育提供了全新的策略。传统方法主要靠于表型选择和杂交技术，而现代分子技术则通过解析基因组信息实现精准改良。两者的融合显著提高了育种效率和精准度。

杂交育种是传统抗盐碱育种的核心，通过多代杂交和选择，研究者能够将抗盐碱基因从供体种质导入目标品种。但这一过程受限于表型选择的准确性及复杂性状的多基因效应。现代分子技术弥补了这些不足。通过MAS，研究者能够显著提高目标性状的选择效率，并缩短育种周期。

多组学技术的整合为抗盐碱育种提供了系统化的解决方案。基因组学、转录组学和代谢组学的结合使研究者能够从基因、转录和代谢层次全面解析抗盐碱性状的分子基础，并利用这些信息指导育种实践。例如，通过高通量基因分型技术，研究者可以快速识别抗盐碱相关基因，并将其应用于育种中。

传统与现代技术的结合不仅体现在育种策略的优化上，还体现在育种目标的多样性上。通过整合环境胁迫适应性、多基因聚合及其他农艺性状，研究者能够培育出更具综合优势的抗盐碱品种，为提升盐碱地的农业生产力提供重要保障。

（三）基于分子育种的抗盐碱改良

分子育种技术的快速发展为抗盐碱性状的精准改良提供了高效工具。以MAS和基因编辑为核心的分子育种策略，不仅能够显著提高改良效率，还能够实现对复杂性状的多维优化。

MAS技术通过高效筛选抗盐碱相关基因显著缩短了育种周期。研究表明，SNP和InDel标记在抗盐碱性状定位中具有较高的分辨率，这些标记的开发与应用极大地提升了分子育种的精确性。此外，通过整合基因型数据和表型数据，MAS能够实现对复杂性状的多基因聚合，为抗盐碱品种的精准改良开辟了新路径。

基因编辑技术的应用进一步推动了抗盐碱育种的发展。CRISPR/Cas9等技术因其高效、精准的基因修饰能力，成为分子育种的重要工具。研究表明，靶向编辑与盐碱胁迫相关的基因调控区域，例如渗透调节基因的启动子或增强子，能够显著提升基因的表达效率，从而改善小麦对盐碱胁迫的适应能力。此外，基因编辑技术还能挖掘野生种质中潜在抗盐碱基因功能，为抗盐碱育种提供了更多选择。

分子育种技术的未来发展方向包括多组学数据的深度整合与智能化育种策略的探索。结合分子技术与AI，研究者能够进一步优化育种流程，提高抗盐碱品种的研发效率。

（四）抗盐碱品种区域适应性试验

区域适应性试验是抗盐碱小麦品种推广应用的关键环节，其目标在于评估育种成果在不同生态环境中的表现，并筛选出适应性强的优质品种。在盐碱地复杂多变的环境条件下，开展科学的区域试验至关重要。

区域适应性试验的设计需要综合考虑多种环境因子，包括土壤盐碱化程度、气候条件及农田管理水平等。这些因子会直接或间接影响小麦的生长和产量。试验过程中，通过对比不同品种在多种环境条件下的表型数据，研究者能够准确评估品种的稳定性及其在特定环境中的适应性。

MET的统计分析是区域适应性试验的核心。通过引入多变量分析及MLM，研究者能够揭示环境因子与品种表现之间的复杂关系。这些分析结果不仅能够为抗盐碱品种的选育提供科学依据，还能够为种植者推荐最适合的品种。

区域适应性试验还能够为抗盐碱品种的推广提供重要数据支持。通过系统评估品种的综合性能，研究者能够制定科学的推广策略，并结合种植技术指导农户实现盐碱地的高效利用。这一过程对于提高抗盐碱品种的实际应用价值和市场接受度具有重要意义。

第三节　抗高温小麦的育种策略

一、高温胁迫对小麦的生理影响

高温胁迫是全球气候变化给小麦生产带来的主要威胁之一。持续或突发的高温会显著改变小麦的生理代谢，导致产量和品质的下降。高温影响覆盖小麦的整个生育周期，从开花授粉到灌浆成熟，均表现出不同程度的生理失调。下文将从高温对开花与授粉的影响、灌浆速度与高温适应性、细胞膜稳定性的热响应以及热胁迫下的光合作用变化四个方面，系统阐述高温胁迫对小麦的生理影响机制。

（一）高温对开花与授粉的影响

高温对小麦开花与授粉过程的影响尤为显著，直接关系到籽粒形成的数量与质量。在高温条件下，小麦的开花时间和花粉活力都会发生显著变化。研究发现，高温胁迫会导致开花时间提前，过早开花的现象虽然能够在一定程度上避开高温峰值，但也会因花粉发育不完全而降低授粉成功率。

高温胁迫对花粉的生理功能具有显著的抑制作用。过高的温度会破坏花粉细胞的膜结构，抑制代谢活性，使其失去受精能力。同时，高温还会影响胚珠的可授粉时间，进一步降低受精效率。花粉管的延伸速率也会受到高温的显著抑制，延缓甚至阻止花粉与胚珠的结合。

此外，高温对小麦雌雄器官的协调发育影响深远。雄性器官在高温下的发育异常会导致花粉数量减少和质量下降，而雌性器官对热胁迫的敏感性则可能使胚珠发育异常，从而影响小麦的籽粒形成。结合基因组学和转录组学的研究发现，多种与开花授粉相关的基因在高温下出现表达异常，为深入解析高温胁迫机制提供了科学依据。

（二）灌浆速度与高温适应性

高温胁迫显著改变了小麦的灌浆速度与籽粒发育动态。灌浆期是籽粒重量和品质形成的关键阶段，受到高温胁迫后，灌浆速度加快，但持续时间显著缩短，最终导致籽粒发育不完全，品质下降。高温通过加速酶促反应和碳水化合物的转运，改变了灌浆过程的生理节奏。

研究表明，高温胁迫下淀粉合成相关酶的活性受到显著抑制，这一变化直接影响了籽粒内淀粉的积累速率。此外，高温会破坏光合作用产物的分配平衡，更多的光合产物被分配到呼吸代谢中，而非用于籽粒灌浆，导致籽粒重量减轻。

高温适应性的研究揭示了小麦通过调节灌浆相关基因表达以适应热胁迫的潜力。调控光合产物的合成、转运及代谢分配是小麦灌浆期适应高温的重要策略。通过挖掘调控这些过程的关键基因，研究者可以为抗热育种提供新的靶点。

（三）细胞膜稳定性的热响应

细胞膜是热胁迫下维持小麦细胞功能的关键结构，其稳定性直接关系到植物对高温的适应能力。高温胁迫会破坏细胞膜的完整性和选择透过性，导致细胞内容物的外泄和离子稳态的失调。

研究发现，高温胁迫引发的膜脂过氧化是细胞膜损伤的主要原因。ROS（活性氧）的过量积累会通过氧化作用破坏膜脂的结构，导致膜流动性降低。小麦通过提高抗氧化酶活性和积累抗氧化物质，如类胡萝卜素和谷胱甘肽，减轻膜脂过氧化，从而增强细胞膜的热稳定性。

膜蛋白的热响应调控对细胞膜稳定性具有重要作用。研究表明，某些膜结合蛋白能够在高温下具有离子通道和运输蛋白的功能，从而保障细胞内外环境稳态。此外，热胁迫下小麦通过调整膜脂成分比例，增加饱和脂肪酸的含量，以提高细胞膜的热稳定性。

近年来，表观遗传学研究揭示了细胞膜热响应调控的复杂性。与膜蛋白和脂代谢相关的基因在高温胁迫下的表达受多种转录因子和非编码RNA的调控，这一机制为抗热性状的遗传改良提供了新思路。

（四）热胁迫下的光合作用变化

高温胁迫对小麦的光合作用产生了多方面的影响，其表现包括光系统的损伤、气孔调控失衡以及碳同化效率的下降。光合作用是植物生产干物质的基础，而在高温条件下，光合作用效率显著降低，成为小麦减产的重要原因。

高温胁迫引发的光系统损伤主要集中于光系统II（PSII）。研究表明，高温使PSII的反应中心失活，并降低了电子传递链的效率，从而限制了光能的有效利用。同时，高温还会破坏类囊体膜的结构，进一步抑制光合作用。

气孔调控异常是高温胁迫影响光合作用的另一重要因素。在高温条件下，气孔开放度增大，导致叶片水分快速流失。过度蒸腾使叶片失水严重，从而抑制光合作用的正常进行。此外，气孔导度的过度调节还可能影响二氧化碳的吸收效率，进一步降低光合产物的积累。

碳同化途径的热响应适应性对高温下光合作用的维持至关重要。高温胁迫显著降低了光合关键酶的活性，尤其是RuBisCO酶的催化效率。通过挖掘与碳同化相关的基因及其调控网络，研究者能够为提高小麦在高温条件下的光合作用效率指明方向。

光合作用的热响应研究不仅揭示了高温胁迫对小麦生长的限制因素，还为改良光合作用相关性状提供了重要参考。增强光系统稳定性和碳同化能力将是抗高温小麦品种培育的重要目标。

二、抗高温基因的研究进展

高温胁迫严重影响小麦的生长发育和产量稳定，解析抗高温基因的遗传基础是实现抗高温育种的关键。通过对热胁迫相关QTL的解析、抗热基因的功能鉴定、热胁迫相关调控网络的研究以及HSP与抗热性关系的深入探索，研究者逐步揭示了小麦抗高温性状的复杂调控机制，为抗高温小麦品种的培育提供了重要理论依据。

（一）热胁迫相关 QTL 的解析

解析热胁迫相关QTL为抗高温性状的遗传研究奠定了基础。QTL作为复杂性状的主要遗传单元，其解析过程涉及基因型与表型的关联研究，以及目标性状在多环境下的适应性评估。通过构建高密度遗传图谱，研究者能够定位与热胁迫相关的QTL，从而揭示小麦在高温条件下的抗逆机制。

对热胁迫相关QTL的研究揭示了多个与高温响应直接相关的遗传位点。这些位点通常与气孔调控、光系统稳定性、细胞膜稳态及HSP表达等性状密切相关。通过GWAS，研究者在自然种群中进一步验证了这些QTL的普适性和稳定性。MET的结果表明，一些具有显著效应的QTL能够提升小麦在高温条件下的生理适应能力。

近年来，单细胞测序和表观遗传学技术的应用，为热胁迫相关QTL的功能解析提供了精准的数据支持。通过分析小麦在不同发育阶段的基因表达动态，研究者能够确定QTL调控的关键基因，并揭示其在热胁迫响应中的具体作用。这一研究为后续基因鉴定及抗热性状改良提供了强有力的理论支持。

（二）抗热基因的功能鉴定

抗热基因的功能鉴定是实现抗高温育种的核心环节，其研究目标在于明确关键基因在小麦热胁迫响应中的生物学功能及分子机制。通过遗传转化、基因编辑及多组学整合分析，研究者逐步揭示了一系列与抗热性状密切相关的功能基因。

HSP编码基因是抗热基因研究的重点之一，这些基因通过增强细胞内蛋白质的折叠、稳定及修复功能，在减轻热胁迫导致的细胞损伤中发挥着重要作用。此外，与光系统稳定性相关的基因在抗热性状中也表现出显著的功能效应，这些基因通过维持光合电子传递链的完整性，帮助小麦在高温环境下保持正常的光合作用效率。

抗热基因的功能验证依赖于多种实验策略，包括基因过表达、RNA干扰及基因敲除等技术。研究者将目标基因导入模式植物或小麦转基因体系中，能够直接观察其对热胁迫响应的影响。同时，结合转录组和代谢组数据，研究者能够解析抗热基因的动态调控机制及其对生理性状的具体贡献。

近年来，基因编辑技术的快速发展进一步加速了抗热基因的功能研究进程。利用CRISPR/Cas9系统进行靶向编辑，研究者能够对候选基因进行精确的功能评估，并挖掘其潜在的应用价值。这一技术的应用不仅提升了功能基因的研究效率，还为抗高温性状的精准改良提供了新思路。

（三）热胁迫相关调控网络

热胁迫相关调控网络是小麦在高温条件下实现快速响应与适应的核心机制。调控网络的构建需要整合基因组学、转录组学及蛋白质组学等多层次数据，以解析基因间的互作关系及其对热胁迫的整体调控作用。

研究表明，小麦的热胁迫响应涉及多个信号通路的交互调控，其中包括ABA信号通路、ROS信号通路及钙信号通路等。这些信号通路通过感知外界高温刺激，激活一系列抗逆基因的表达，并调控细胞代谢活动的动态平衡。在信号传递过程中，转录因子家族（如Hsf和bZIP）的作用尤为重要，这些转录因子通过直接结合目标基因的启动子区域，调控其在热胁迫下的表达水平。

热胁迫相关调控网络还包括非编码RNA的参与。研究表明，小RNA（miRNA）和长非编码RNA（lncRNA）能够通过调控目标基因的表达及蛋白质翻译过程，在热胁迫响应中发挥关键作用。这些表观遗传调控机制为深入解析热胁迫适应策略提供了新思路。

通过构建多层次的调控网络，研究者能够全面揭示热胁迫响应的复杂性及多样性。这不仅为抗热性状的分子育种提供了全面的理论支持，还为多基因协同改良开辟了新途径。

（四）HSP与抗热性的关系

HSP是小麦在热胁迫条件下实现细胞保护的关键因子，其功能涉及蛋白质折叠修复、细胞膜稳定性维持及抗氧化能力的增强。HSP家族的多样性且在不同生理过程中发挥的特定作用，使其成为抗热性研究的核心目标之一。

热休克蛋白（HSPs）充当分子伴侣，帮助细胞内变性蛋白恢复功能，防止其在高温条件下发生不可逆聚集。研究发现，不同亚家族的HSP在应对热胁迫响应中具有明确的功能分工，HSP70和HSP90家族主要负责蛋白质的折叠与修复，而小分子热激蛋白（sHSPs）则通过与细胞膜结合增强膜稳定性。此外，某些HSP还能够直接参与抗氧化代谢通路，通过清除ROS减轻热胁迫导致的氧化损伤。

HSP基因的调控机制是理解其功能多样性的关键。研究表明，热激因子（HSF）作为HSP基因的主要转录调控因子，在高温刺激下通过特异性结合启动子区域，激活HSP基因的表达。这一调控过程受多种信号通路的共同影响，包括ROS信号及钙信号等。

近年来，HSP研究的技术手段逐步升级，从传统的分子生物学实验扩展到组学数据的整合分析。结合蛋白质组学和代谢组学，研究者能够全面解析HSPs在热胁迫响应中的动态变化，为其在抗高温育种中的应用提供理论支持和实践指导。

三、抗高温育种的分子与技术路径

高温胁迫对小麦生产的影响日益显著，抗高温小麦品种的培育成为农业科研的重要方向之一。通过分子标记筛选、基因编辑技术的应用、多环境适应性评价及多基因协同改良等策略，研究者能够实现抗热性状的精准改良和快速推广。下文将从这些技术路径出发，全面探讨抗高温育种的分子基础与技术实现。

（一）抗热品种的分子标记筛选

分子标记筛选技术在抗高温小麦品种的培育中发挥了重要作用。通过开发与抗热性状相关的分子标记，研究者能够提高目标性状的选择效率，并缩短育种周期。分子标记的开发主要依赖于GWAS和QTL定位等手段，其核心在于识别与抗热性状相关的遗传变异。

抗热分子标记筛选的关键在于高分辨率遗传图谱的构建。近年来，SNP标记的广泛应用显著提高了图谱构建的精度。通过整合基因组测序数据与表型数据，研究者能够锁定与热胁迫相关的功能位点，并将其转化为育种筛选工具。这些标记覆盖了与热胁迫响应、光系统保护、抗氧化调控等密切相关的基因区域，为抗热品种的分子育种提供了科学依据。

分子标记的筛选还包括标记效应的稳定性评估。通过MET，研究者能够验证分子标记在不同气候条件下的适用性和预测能力。这一过程确保了标记筛选的可靠性，为大规模育种应用奠定了基础。

（二）基因编辑技术在抗热育种中的应用

基因编辑技术因其高效精准的特点，在抗热性状改良中展现了巨大潜力。通过对目标基因的定点修饰，研究者能够快速实现性状优化并加速抗热品种的培育进程。以CRISPR/Cas9为代表的基因编辑工具已经成为抗热育种研究的重要手段。

在抗热育种中，靶向编辑热胁迫相关基因是基因编辑技术的核心应用之一。研究表明，调控光系统稳定性、细胞膜稳态及HSP表达的基因是抗热性状的重要靶点。研究者通过对这些基因进行精准修饰，能够显著增强小麦的高温适应能力。此外，基因编辑技术还能够实现对转录调控元件的优化，通过编辑启动子或增强子区域，提高目标基因的表达效率。

基因编辑技术的另一个重要应用在于对功能变异的挖掘。通过对自然种群中抗热基因的变异位点进行编辑，研究者能够评估其功能贡献并将其引入育种过程中。这一策略融合了功能基因研究与育种实践，为抗高温性状的改良提供了全新的思路。

基因编辑技术的未来发展方向包括多基因编辑体系的优化及与表观遗传学调控的结合。通过多靶点编辑，研究者能够提高抗热性状的改良效率，借助表观遗传学数据，还可以进一步挖掘基因表达调控的潜在机制，为精准育种提供更全面的解决方案。

（三）抗热性状的多环境适应性评价

多环境适应性评价是抗热品种推广应用的重要环节，旨在评估抗热品种在不同气候条件下的稳定性和适应性。在小麦生产中，高温胁迫的影响具有显著的区域差异性，通过MET能够筛选出在多种环境条件下都表现优异的品种。

多环境适应性评价的设计涉及多种表型指标的测定与分析。抗热性状的评价通常包括产量表现、开花授粉成功率、灌浆速率及光合作用效率等指标。结合分子标记数据，研究者能够进一步解析表型表现与遗传基础的关联关系，为抗热性状的稳定性选择提供科学依据。

统计分析方法在多环境评价中起着关键作用。通过引入混合线性模型和主成分分析，研究者能够揭示环境因子对品种表现的影响，并筛选出具有广泛适应性的抗热品种。这些分析结果为制定推广策略和优化育种计划提供了数据支持。

区域试验的开展还有助于揭示环境因子与抗热性状的互作关系。结合气象数据和土壤信息，研究者能够构建小麦抗热性状的生态适应模型，为品种的精准推广提供理论支持。此外，多环境适应性评价还能够为未来气候条件下的抗热育种提供指导，助力农业生产的可持续发展。

（四）多基因整合与抗热性协同改良

抗热性状的复杂性决定了多基因协同调控在育种中的重要性。多基因整合技术通过聚合多个抗热相关基因，实现性状的综合优化，是提升小麦抗高温能力的重要手段。

多基因整合的关键在于对基因间互作效应的解析。通过GWAS和多组学数据整合，研究者能够识别具有协同作用的功能基因，并将其引入同一遗传背景中。这一过程需要综合考虑基因间的表达调控关系及其对目标性状的综合影响，以实现多基因协同改良。

多基因整合技术还依赖于基因编辑和MAS的协同应用。通过分子标记技术对聚合基因进行筛选和追踪，研究者能够提高基因整合的效率；利用基因编辑技术，研究者可以对协同作用的基因模块进行精准修饰，从而优化其功能表现。

合成生物学技术的发展为多基因整合开辟了新路径。通过构建人工调控网络，研究者能够实现对多个抗热基因表达的动态调控，根据环境条件调整基因表达水平，增强小麦对高温胁迫的适应性。这一技术的应用不仅提升了抗热性状的改良效率，还为未来抗高温小麦品种的设计育种提供了新的思路。

第四节　抗冻性小麦品种的分子改良

一、低温胁迫对小麦的影响

低温胁迫是影响小麦生长和产量的重要环境因素之一，其通过对小麦生理、代谢和基因表达的多层次干扰，限制了作物的生产潜力。在低温条件下，小麦需借助复杂的生理调控机制和基因适应性调整来减轻胁迫影响。下文将从冷害对小麦产量的制约、细胞内冰晶形成的危害、低温对光合作用的影响以及低温胁迫相关代谢调控四个方面，系统阐述低温胁迫对小麦的作用机制。

（一）冷害对小麦产量的制约

冷害对小麦的影响贯穿其整个生长周期，是低温胁迫限制产量形成的直接因素。低温环境会抑制植物的光合作用、阻碍花序分化以及减少籽粒形成，显著降低小麦的产量。在幼苗期，低温胁迫减缓了叶片的扩展速率和根系生长深度，从而限制了植株的养分吸收能力和早期生长活力。

冷害在生殖阶段的影响尤为显著，低温条件下，花器官发育异常，花序分化受阻，导致授粉失败和籽粒数目锐减。这种生殖障碍不仅影响产量，还降低了籽粒的品质。低温还会改变激素平衡，抑制赤霉素和细胞分裂素的合成，进一步削弱花序的正常发育能力。

在灌浆期，低温通过限制光合产物的积累和转运，显著减少籽粒的干物质积累。研究表明，低温胁迫引发的呼吸作用增强与同化物供应减少之间的矛盾是灌浆期籽粒发育不完全的主要原因。随着代谢组学和转录组学技术的进步，对冷害影响下籽粒灌浆过程的调控网络解析将进一步优化育种策略。

（二）细胞内冰晶形成的危害

低温胁迫引起的冰晶形成是小麦细胞受到机械损伤的主要原因，其对细胞膜、细胞器及整个组织结构的破坏具有深远影响。冰晶的形成和扩展会使细胞膜破裂、胞质外渗，并引发质膜与细胞壁分离，从而直接导致细胞不可逆的损伤。

细胞内冰晶的形成是热力学平衡被打破的结果，当环境温度骤降至冰点以下，细胞间隙的水分首先冻结，随之胞内液体水分受外界渗透压的影响进入胞间形成晶体。冰晶的机械压力会破坏细胞膜的完整性，而细胞失水又会加剧渗透胁迫。为了减轻这种危害，小麦细胞通过增强渗透调节能力和积累抗冻物质，降低冰晶的形成速度和破坏程度。

小麦的抗冻蛋白在冰晶抑制中具有重要作用，这些蛋白通过与晶体表面结合，阻止其进一步生长，从而保护细胞结构。抗冻蛋白的表达受低温信号通路的精确调控，涉及冷诱导转录因子的激活及其与抗冻基因启动子的特异结合。基于现代组学技术的研究进一步揭示了抗冻蛋白与膜蛋白协同作用的分子机制，为提高小麦抗冻性状提供了实践依据。

（三）低温对光合作用的影响

低温胁迫对光合作用的影响主要体现在光系统活性下降、碳同化效率降低及气孔功能异常等方面。在低温条件下，PSII的反应中心蛋白容易受到损伤，其光化学效率显著降低，直接影响了光能的捕获和电子传递。光合电子传递链的不稳定导致ATP和NADPH供应不足，削弱了碳同化过程。

叶绿体的结构完整性在低温胁迫下也受到严重威胁，类囊体膜的破坏显著降低了叶绿体内光系统的活性。小麦通过增强叶绿体内抗氧化酶系统的活性，如SOD和谷胱甘肽还原酶，清除低温引发的ROS积累，从而缓解光系统的氧化损伤。此外，低温条件下，叶绿体基因表达的动态调控有助于恢复光合蛋白的功能，为光合作用的持续奠定分子基础。

碳同化受低温胁迫的限制主要表现为卡尔文循环效率的下降。光合关键酶如RuBisCO的活性在低温下显著降低，导致碳固定速率减缓。研究表明，调控RuBisCO激活酶的功能基因在低温适应中具有重要意义，其通过提高酶活性，为碳同化过程提供了重要保障。近年来，随着代谢组学和蛋白质组学的发展，小麦在低温条件下的光合代谢调控网络逐渐清晰，为低温胁迫条件下光合作用的优化提供了理论依据。

（四）低温胁迫相关代谢调控

低温胁迫引发了小麦细胞代谢活动的显著重构，其核心在于通过调节代谢路径以适应低温环境。渗透调节是低温适应的关键机制之一，小麦通过积累脯氨酸、可溶性糖类和甜菜碱等渗透调节物质维持细胞内外渗透压的平衡，这些物质还在保护细胞膜结构和蛋白功能方面发挥了重要作用。

能量代谢的重塑是低温胁迫下小麦代谢调控的另一重要方面。在低温条件下，呼吸作用受到抑制，导致细胞内能量供应不足。为应对这一挑战，小麦增强了糖酵解和三羧酸循环的关键酶活性，通过提升底物水平磷酸化效率，保障了细胞能量的持续供应。此外，线粒体功能的维持在低温适应中尤为重要，小麦通过增加线粒体蛋白表达和稳定线粒体膜电位，能够提高整体能量代谢的效率。

次生代谢产物的变化是小麦适应低温胁迫的又一重要表现。酚类化合物、黄酮类物质及其他抗氧化物质在低温条件下的积累有助于增强抗氧化防御能力，减轻低温对细胞的氧化损伤。现代代谢组学技术揭示了低温胁迫下小麦次生代谢网络的动态变化，为抗冻性状的优化提供了潜在靶点。

通过多组学数据的整合分析，研究者能够从分子、代谢及生理层面全面解析低温胁迫下的小麦适应机制。这些研究不仅深化了对低温胁迫生物学效应的理解，也为抗冻小麦品种的分子改良提供了重要参考。

二、抗冻性的遗传机制

抗冻性是小麦适应低温环境的重要特性，其遗传基础涉及基因表达调控、信号传导以及代谢适应的多层次机制。通过解析抗冻基因的定位与鉴定、构建抗冻性状的遗传控制模型、深入研究冷信号传导通路及揭示抗冻蛋白在细胞膜稳定性中的作用，科学家逐步揭示了小麦抗冻性的复杂遗传机制，为分子改良奠定了理论基础。

（一）抗冻基因的定位与鉴定

抗冻基因的定位与鉴定是解析小麦抗冻性遗传基础的关键环节。通过QTL定位和GWAS，研究者能够在不同染色体上识别与抗冻性状相关的基因区域。这些研究揭示了抗冻性状具有多基因遗传特性，为深入挖掘关键基因提供了数据支持。

QTL定位研究显示，小麦抗冻性状的遗传调控主要集中于细胞膜稳定性、渗透调节能力以及抗冻蛋白表达等功能基因上。高分辨率遗传图谱的构建为抗冻性状的分子标记开发打下了基础，研究者能够利用这些标记精准选择抗冻基因并将其引入育种材料中。

GWAS通过挖掘自然种群中的遗传变异，进一步提升了抗冻基因定位的效率。结合表型数据和环境试验，研究者能够识别出具有广泛适应性的抗冻基因，这些基因覆盖了小麦从种子萌发到成熟的多个生长阶段，为抗冻性状的全面改良奠定了基础。

近年来，基因编辑技术的快速发展为抗冻基因功能验证提供了强有力的工具。研究者可利用CRISPR/Cas9系统靶向编辑抗冻相关基因，直接评估其功能效应。这一技术不仅加速了抗冻基因的鉴定进程，也为将研究成果转化为育种实践提供了可能。

（二）抗冻性状的遗传控制模型

抗冻性状的遗传控制模型通过整合基因组、表型及环境数据，系统解析了多基因间的互作及其对抗冻性的综合贡献。抗冻性状的遗传调控表现为复杂的多基因遗传模式，其调控网络涉及信号传导、代谢调控及表现遗传修饰等多个层面。

研究表明，小麦的抗冻性状受主效基因和微效基因的共同调控。在主效基因的作用下，小麦能够快速响应低温胁迫，通过激活冷诱导基因启动抗冻机制。而微效基因则在调控抗冻能力的多样性及环境适应性方面发挥着重要作用。这种多基因协同作用为全面提升小麦抗冻性能提供了理论依据。

环境因子对抗冻性状的影响通过基因型与环境互作得以体现。基因型与表型数据的整合分析揭示了环境条件对抗冻基因表达的调控效应，这些信息为抗冻性状的区域适应性育种提供了重要参考。此外，MET和统计模型的应用进一步优化了抗冻性状遗传控制模型，使其能够更精确地预测基因在不同环境中的效应。

基因调控网络的构建是理解抗冻性状遗传机制的关键。通过整合多组学数据，研究者能够从基因、转录及代谢层面解析抗冻基因的相互作用，并构建动态调控网络。近年来，AI技术的应用为复杂网络的建模和优化提供了新工具，使抗冻性状的遗传模型更具预测能力和实践价值。

（三）冷信号传导通路的研究

冷信号传导通路是小麦在低温胁迫下实现快速响应的关键，其通过信号分子的感知与转导，激活下游抗冻基因的表达。在冷信号传导过程中，感知低温信号的膜蛋白是整个传导过程的起点，这些膜蛋白通过感知温度变化，引发胞内信号的传递和放大。

钙信号在冷信号传导中具有重要作用。低温胁迫引起细胞内钙离子浓度的动态变化，这种变化通过激活CDPK和钙调蛋白（CaM），调控抗冻基因的表达。此外，ROS作为冷信号传递的次级信号，能够与钙信号形成正反馈回路，进一步提升信号的传递效率。

冷信号的核心调控因子是C-repeat/DRE结合因子（CBF/DREB）转录因子家族。这些因子直接结合目标基因的启动子区域，调控冷诱导基因的表达，帮助小麦快速适应低温胁迫。CBF/DREB通路的激活依赖于信号传导通路的协同作用，其中包括MAPK信号通路和ABA信号通路的参与。

近年来，非编码RNA在冷信号传导中的作用逐步被揭示。研究表明，小RNA和长非编码RNA能够通过调控冷信号通路的关键因子，实现基因表达的动态调控。这些调控机制的解析为构建完整的冷信号传导网络提供了重要线索，同时为抗冻性状的分子改良开辟了新方向。

（四）抗冻蛋白与细胞膜稳定性

抗冻蛋白是小麦在低温胁迫下维持细胞膜稳定性的核心因子，其功能包括抑制冰晶形成、稳定膜结构及保护细胞器。抗冻蛋白与冰晶结合，阻止其进一步生长，从而减少机械损伤对细胞膜的破坏。此外，抗冻蛋白还能够增强膜脂的流动性，提高细胞膜在低温环境下的柔韧性。

抗冻蛋白的表达受冷诱导基因的严格调控，其调控过程依赖于转录因子与启动子区域的特异性结合。研究发现，CBF/DREB家族转录因子在抗冻蛋白基因的调控中发挥了关键作用，这些因子通过调控抗冻基因的时间与空间表达模式，帮助小麦在不同发育阶段适应低温胁迫。

抗冻蛋白与膜脂的协同作用对细胞膜的稳定性具有重要意义。在低温条件下，小麦通过调节膜脂的组成比例，增加不饱和脂肪酸的含量，显著提高了细胞膜的热力学稳定性。此外，某些抗冻蛋白能够直接参与膜蛋白的修复与再生，进一步增强膜的功能稳定性。

结合蛋白质组学和代谢组学，研究者逐步揭示了抗冻蛋白在低温胁迫下的动态调控网络。这些研究为抗冻蛋白的功能优化及抗冻性状的分子改良奠定了理论基础，同时也为抗冻小麦品种的培育提供了新思路。

三、抗冻育种的技术体系

抗冻性小麦品种的培育需要建立系统化的技术体系，通过抗冻种质资源的创新利用、分子标记技术的优化应用、基因编辑技术的深入开发及表观遗传调控的科学整合，可实现抗冻性状的精准改良与快速推广。下文将从这些方面深入探讨抗冻育种的技术路径与最新进展。

（一）抗冻种质资源的创新利用

抗冻种质资源是小麦抗冻育种的基础，其创新利用在提升小麦抗冻性能方面具有重要意义。种质资源的多样性为抗冻性状的改良提供了丰富的遗传资源，而对种质资源的系统筛选与深入挖掘则是抗冻性状优化的前提。

现代基因组学和表型组学技术显著提高了种质资源筛选的效率，通过HTS和表型数据整合，研究者能够快速识别具有优异抗冻性能的种质资源。这些资源包括野生近缘种和栽培种中的抗冻基因供体，利用其特性可为抗冻育种提供独特的遗传多样性。

创新利用种质资源不仅包括资源的筛选，还包括基因的精准转移与聚合。结合传统杂交与分子辅助技术，研究者能够有效导入抗冻相关基因，同时减少遗传背景的负面影响。此外，借助染色体片段置换技术和多代回交方法，可以将野生种质中的抗冻性状与现代品种的高产特性结合，为抗冻品种的开发提供科学路径。

种质资源的创新利用还包括对抗冻性复合性状的深入挖掘。多基因性状的调控网络为种质的功能改良提供了理论依据，通过解析种质资源中多基因互作的生理和遗传基础，研究者能够实现对抗冻性状的协同改良。

（二）抗冻育种的分子标记技术

分子标记技术为抗冻育种提供了高效工具，其通过解析性状的遗传基础和基因型与表型之间的关联，显著提升了抗冻基因的筛选效率与选择精准度。MAS技术作为抗冻育种的重要手段，能够将目标基因精准地整合到育种材料中，并加快育种进程。

抗冻性状的分子标记开发依赖于QTL定位和GWAS的支持。通过整合全基因组测序和环境适应性数据，研究者能够识别与抗冻性状显著相关的标记位点。这些标记包括SNP和InDel变异，其高分辨率和高通量特性使MAS技术更加高效。

分子标记技术在多基因抗冻性状改良中的应用尤为重要。通过标记间的连锁不平衡分析，研究者能够解析多基因互作的遗传效应，进而优化育种方案。此外，分子标记的开发还能够实现对抗冻基因的实时追踪，为多世代育种提供动态监控。

近年来，分子标记技术与AI的结合进一步提高了其应用价值。借助机器学习模型对多环境数据进行分析，研究者能够优化标记效应预测，为抗冻性状的精准改良提供支持。这一技术的应用标志着MAS进入了智能化和系统化的阶段。

（三）基因编辑在抗冻性改良中的作用

基因编辑技术为抗冻性状的分子改良开辟了全新途径，其高效、精准和灵活的特点使其成为抗冻育种研究的核心工具。通过对抗冻相关基因的靶向编辑，研究者能够实现性状的快速优化，从而显著提升小麦的抗冻能力。

基因编辑技术的应用主要集中于抗冻基因功能的解析与优化上。研究表明，部分冷诱导基因在抗冻性状中具有关键作用，利用CRISPR/Cas9技术对这些基因进行定点修饰，能够增强其表达水平并改善抗冻性状。此外，基因编辑技术还能够实现对调控元件的精确修改，例如编辑启动子或增强子区域以提高基因表达效率。

多基因协同改良是基因编辑技术在抗冻育种中的重要应用方向。通过构建多靶点编辑体系，研究者能够同时优化多个抗冻相关基因的功能，显著提升其互作效应。这一过程结合分子标记技术，为抗冻性状的多维优化提供了技术支持。

基因编辑技术的发展包括表观遗传学调控与合成生物学的结合。通过对表观遗传修饰的动态调控，研究者能够进一步优化抗冻基因的表达模式；利用合成生物学技术，则可以构建人工调控网络，实现对抗冻性状的精确设计。这些技术的融合将推动抗冻育种进入智能化设计育种的新阶段。

（四）表观遗传调控对抗冻性的优化

表观遗传调控在抗冻性状的动态调节中发挥了重要作用，其通过DNA甲基化、组蛋白修饰及非编码RNA的协同作用，调控抗冻基因的表达和功能。深入研究表观遗传调控机制有助于优化抗冻性状，为育种工作提供新的理论依据和技术手段。

DNA甲基化是表观遗传调控的重要组成部分，其在抗冻基因的表达调控中具有显著作用。研究表明，冷诱导基因的启动子区域通常会发生去甲基化，从而增强基因的表达水平。通过对关键基因的甲基化状态进行动态分析，研究者能够进一步解析其在抗冻适应中的作用机制。

组蛋白修饰通过调节染色质的开放程度，在抗冻基因的激活和抑制中发挥着关键作用。在低温胁迫条件下，小麦通过增强组蛋白H3K4的甲基化和H3K9的乙酰化水平，激活了一系列冷诱导基因。这种修饰模式的解析为优化抗冻基因的表达调控提供了重要参考。

非编码RNA在表观遗传调控中的作用逐渐被揭示。研究表明，小RNA和长非编码RNA能够通过调控目标基因的转录和翻译过程，参与抗冻性状的动态调控。这些RNA分子的功能解析为抗冻性状的分子改良提供了全新视角。

未来，表观遗传学在抗冻育种中的应用将更加广泛。结合多组学数据和AI技术，研究者能够构建全面的表观遗传调控网络，为抗冻性状的优化设计提供理论支持。这一领域的持续发展将显著提升抗冻育种的科学水平和应用价值。

第五节　复杂逆境条件下的综合育种方法

一、复合胁迫对小麦生长的影响

复合胁迫是指两种或多种环境胁迫同时作用于作物，会显著加剧其生理代谢失调，并对生长和产量形成产生综合影响。小麦作为一种广泛栽培的重要粮食作物，经常面临复杂的环境胁迫条件。复合胁迫通过影响小麦的水分平衡、离子稳态和代谢活动，显著降低其适应能力。下文将从干旱与高温胁迫的交互作用、盐碱与水分胁迫的复合效应、冷害与水分胁迫的协同效应，以及复合胁迫下的生理与分子响应四个方面，系统阐述复合胁迫对小麦生长的影响。

（一）干旱与高温胁迫的交互作用

干旱与高温胁迫的叠加作用是小麦在逆境条件下生长和发育面临的主要挑战之一。这种复合胁迫从多个途径给植物带来双重压力，包括加速水分蒸发、抑制气孔功能及破坏光合作用等，从而显著降低小麦的生产力和适应性。干旱胁迫的关键影响在于减少水分的供应，而高温通过增强蒸散作用进一步加剧了水分亏缺的状况。

在复合胁迫条件下，小麦的气孔导度显著降低，这是植物为了减少水分损失而采取的主动调控措施。然而，气孔关闭不仅抑制了蒸腾作用，还阻碍了二氧化碳的吸收，直接导致光合作用效率的下降。同时，高温胁迫加速了光合蛋白的降解，破坏了PSII的功能，进一步限制了光合作用的正常运行。多组学研究揭示了在干旱与高温共同作用下，小麦光合作用相关基因的表达受到广泛抑制，这些基因的功能失调对碳同化过程产生了深远影响。

干旱与高温的复合作用还引发了细胞水平的氧化应激。ROS的过量积累成为胁迫条件下细胞损伤的重要因素。ROS会引发膜脂过氧化和蛋白质损伤，破坏细胞结构的完整性和功能稳定性。小麦通过激活抗氧化酶系统（如超氧化物歧化酶和POD）和增加抗氧化物质的合成，有效减轻了氧化应激对细胞的损害。

借助现代基因组学和转录组学技术，研究者发现了多个在干旱与高温胁迫条件下协同表达的关键基因。这些基因主要参与渗透调节物质的积累、细胞膜稳定性的增强及HSP的合成等生理过程。对这些机制的解析不仅加深了对小麦抗复合胁迫机制的理解，也为抗逆性状的遗传改良提供了科学依据。

（二）盐碱与水分胁迫的复合效应

盐碱与水分胁迫的叠加效应通过改变土壤环境与植物生理代谢，显著增加了小麦的生存压力。这种复合胁迫在盐分累积和水分短缺的共同作用下，对小麦的生长产生了深远影响。盐碱胁迫通过离子毒害和渗透压变化抑制根系吸收功能，而水分胁迫则进一步削弱了根系对水分和营养的吸收效率。

盐碱与水分的复合胁迫对离子平衡的破坏尤为显著。过量的钠离子积累不仅对细胞内的代谢活动产生抑制，还竞争性抑制了钾离子的吸收，影响多种与钾相关的生化反应。水分胁迫的叠加效应使细胞脱水现象更加严重，进一步加剧了渗透压的不平衡。为应对这种复杂胁迫，小麦通过激活钠离子外排泵和膜运输蛋白的功能，有效缓解离子毒害，同时通过增加脯氨酸和可溶性糖类等渗透调节物质的合成，减轻了细胞脱水的影响。

复合胁迫还对小麦的光合作用和能量代谢产生了深刻影响。盐碱胁迫引发的叶绿体功能受损以及水分胁迫导致的气孔关闭共同抑制了PSII的活性，显著降低了碳同化效率。此外，能量代谢失调限制了细胞的呼吸作用和能量供应，加剧了胁迫条件下的代谢紊乱。

GWAS表明，多个与盐碱和水分复合胁迫相关的QTL显著影响小麦的适应能力。这些QTL定位的关键基因涉及离子平衡调控、膜蛋白稳定性和抗氧化防御等生理过程，为复合胁迫的遗传改良提供了潜在靶点。

（三）冷害与水分胁迫的协同效应

冷害与水分胁迫的协同作用显著影响小麦在寒冷季节的生长表现。低温胁迫通过降低细胞代谢速率和破坏膜结构对小麦产生直接影响，而水分胁迫则通过加剧水势失衡和根系功能障碍进一步放大了冷害的效应。

在冷害与水分复合胁迫下，小麦细胞内外的水分平衡受到严重破坏。低温条件下细胞膜的流动性显著降低，离子运输效率下降，同时细胞外冰晶的形成进一步加剧了水分损失。这种复杂的生理紊乱对光合作用和碳同化过程的影响尤为明显。研究表明，小麦在复合胁迫下的光系统效率大幅下降，叶绿体结构受损导致光合代谢的全面受阻。

小麦通过多种适应机制应对冷害与水分胁迫的协同作用。细胞膜稳定性的调控是其核心策略之一，小麦通过增加膜脂中的不饱和脂肪酸比例和激活抗冻蛋白的表达，有效减轻了冷害和水分胁迫的联合危害。此外，渗透调节物质如脯氨酸和甜菜碱的积累显著增强了细胞的抗逆能力。

多组学技术的应用揭示了冷害与水分复合胁迫下的基因调控网络，这些网络涉及冷诱导基因、抗氧化酶基因及膜稳定性相关基因的协同调控。这些研究为解析复合胁迫的适应机制提供了重要数据，同时也为抗逆小麦品种的培育指明了方向。

（四）复合胁迫下的生理与分子响应

复合胁迫对小麦的影响表现为多层次的生理与分子响应，其核心在于植物通过综合性的调控机制，适应环境的多重压力。在复合胁迫条件下，小麦的水分代谢、能量代谢及基因表达调控均表现出高度复杂的适应性调节。

复合胁迫条件下，小麦通过调控水通道蛋白的表达和膜运输系统的活性，增强了水分吸收和运输的能力。此外，复合胁迫引发的细胞氧化应激通过激活抗氧化酶系统得到有效缓解，小麦通过提高SOD和谷胱甘肽还原酶的活性，清除胁迫引发的ROS，保护细胞结构的完整性。

能量代谢的重构是小麦适应复合胁迫的重要过程之一。在胁迫条件下，三羧酸循环和糖酵解的关键酶活性增强，为细胞提供了持续的能量支持。此外，线粒体功能的优化及呼吸代谢的动态调节显著提高了胁迫环境下的代谢效率。

复合胁迫下的分子响应主要体现在多信号通路的协同调控上。ABA、钙信号和ROS信号通过共同激活抗逆基因的表达，形成了复杂的信号网络。多组学整合分析揭示了小麦在复合胁迫条件下的动态基因调控模式，这些数据为复合胁迫条件下的小麦育种提供了理论支持和实践指导。

二、复合逆境育种的技术路径

复合逆境胁迫对小麦生产提出了严峻挑战，其复杂的生理与分子机制需要创新性技术路径的支持，以实现抗逆性状的高效育种。通过多胁迫条件下的基因筛选、复合胁迫相关QTL的精准定位、基因堆叠技术的综合应用以及表型与基因型结合的精准改良，研究者能够构建抗逆育种技术体系，为小麦在复杂环境中的稳定生长提供全面解决方案。

（一）多胁迫条件下的基因筛选

多胁迫条件下的基因筛选是解析复合逆境遗传基础的关键步骤。通过高通量组学技术和MET，研究者能够识别在复合胁迫条件下表现显著的抗逆基因，为抗逆性状的分子改良提供靶标。这一过程需要整合表型数据和基因型信息，构建关联模型，从而揭示多胁迫条件下基因的动态表达模式及其对性状的影响。

多胁迫条件下的基因筛选不仅关注基因的单独作用，还强调基因间的协同效应。研究表明，复合胁迫下的基因调控网络具有高度的复杂性，其涉及多信号通路的交互作用。ABA、钙信号及ROS等信号分子通过激活抗逆转录因子家族（如DREB和bZIP），调控抗逆基因的表达水平。这些调控机制的解析为筛选关键抗逆基因提供了理论依据。

现代组学技术的应用显著提高了多胁迫基因筛选的效率。通过转录组学分析，研究者能够识别在复合胁迫条件下差异表达的基因群；结合蛋白质组学和代谢组学数据，可以进一步解析这些基因的功能及其在复合胁迫适应中的作用。近年来，单细胞组学技术的引入为多胁迫基因的精确定位和功能验证提供了新工具。

（二）复合胁迫相关 QTL 的定位

复合胁迫相关QTL的定位是构建抗逆遗传改良体系的核心环节。QTL定位研究通过解析QTL的遗传效应，揭示复合胁迫下性状变异的遗传基础。结合高密度遗传图谱和GWAS，研究者能够精确识别与复合胁迫性状相关的功能位点，为多基因协同改良提供支持。

在复合胁迫条件下，QTL定位的挑战在于环境因子对基因效应的复杂调控。研究表明，复合胁迫下的QTL效应具有显著的时间和空间特异性，其遗传贡献受胁迫强度、环境条件及基因间互作的共同影响。因此，MET和统计模型的优化成为提高QTL定位效率的重要手段。

复合胁迫相关QTL定位的进一步发展依赖于多组学数据的整合分析。结合转录组学、表观遗传学及代谢组学数据，研究者能够从多个维度解析QTL的功能机制。这一过程为挖掘抗逆性状的核心调控因子提供了理论依据，同时也为构建动态调控网络奠定了基础。

（三）基因堆叠技术的综合应用

基因堆叠技术通过整合多个抗逆基因，显著增强了小麦对复合逆境的适应能力。这一技术的核心在于实现多基因间的协同优化，最大限度地发挥其对目标性状的综合作用。通过基因堆叠，研究者能够同时改良多个与复合胁迫相关的性状，从而提高抗逆育种的效率和稳定性。

基因堆叠技术的应用需要高效的基因识别和转移工具。借助QTL定位和GWAS，研究者能够筛选出在复合胁迫条件下具有显著效应的抗逆基因；利用基因编辑技术（如CRISPR/Cas9），可以实现这些基因的精准编辑与整合。近年来，合成生物学技术的发展为构建多基因表达载体提供了新路径，使基因堆叠的设计和实施更加精确。

多基因堆叠的成功还依赖于对基因间互作效应的深入解析。研究表明，不同抗逆基因在复合胁迫下的表达存在显著的协同关系，其调控网络涉及信号传导、代谢调控及膜蛋白功能等多个层面。通过整合多组学数据，研究者能够全面揭示基因堆叠的功能机制，并优化其在育种实践中的应用。

（四）表型与基因型结合的精准改良

表型与基因型结合的精准改良是实现抗逆性状高效育种的重要策略。通过整合高通量表型组数据和基因组信息，研究者能够精准预测小麦在复合胁迫条件下的性状表现，并制定科学的改良方案。这一策略结合了传统表型选择和现代分子技术的优势，为复合逆境育种提供了全面的解决方案。

高通量表型技术的应用显著提高了性状评估的效率和精度。通过图像分析、红外热成像及代谢检测等手段，研究者能够全面解析复合胁迫对小麦生理代谢的动态影响；结合基因型数据，可以构建表型与基因型的关联模型，揭示基因对性状的调控效应。

表型与基因型结合的精准改良还涉及机器学习模型。通过利用多维数据，研究者能够构建性状预测模型，优化选择策略。此外，基因型数据的整合分析还可以揭示环境因子对性状表现的复杂调控，为抗逆性状的区域适应性育种提供指导。

这一策略的进一步发展需要多组学技术的支持。通过整合转录组、代谢组和表观遗传学数据，研究者能够全面解析复合胁迫条件下的分子机制；结合表型数据，可以构建动态调控网络，为抗逆育种的科学设计提供数据支撑。近年来，AI技术的迅猛发展为表型与基因型相结合的精准改良提供了新工具，使育种效率和准确性得到显著提升。

参考文献

［1］葛荣朝，刘敬泽，沈银柱．小麦耐盐突变体研究与盐碱地生态改良［M］．北京：科学出版社，2020．

［2］侯亮，吕亮杰，张东辉，等．小麦数字化育种系统开发与应用［M］．北京：中国农业科学技术出版社，2024．

［3］胡佩敏，熊勤学．小麦渍害的监测与预警技术研究［M］．北京：气象出版社，2023．

［4］胡振兴．小麦绿色高产高效栽培技术［M］．天津：天津科学技术出版社，2022．

［5］李好中．小麦绿色高质高效栽培技术研究与集成［M］．北京：中国农业科学技术出版社，2023．

［6］刘红占．小麦遗传育种与杂种优势利用研究［M］．北京：经济科学出版社，2022．

［7］刘素花，李振，李志丽．小麦绿色生产技术［M］．北京：中国农业科学技术出版社，2023．

［8］孟自力，王付娟，陈晓杰．小麦种植技术的发展与创新研究［M］．咸阳：西北农林科技大学出版社，2022．

［9］乔玉强．小麦绿色优质高效栽培技术［M］．合肥：安徽科学技术出版社，2022．

［10］石岩．小麦高产高效栽培理论与技术［M］．北京：中国农业出版社，2022．

［11］王开．小麦产量性状研究［M］．济南：山东科学技术出版社，2024．

［12］王洛彩，张宪光，宁新妍．小麦实用栽培技术［M］．济南：济南出版社，2024．

［13］杨天章. 小麦遗传与杂优利用研究［M］. 咸阳：西北农林科技大学出版社，2020.

［14］杨晓光. 气候变化对中国华北冬小麦影响研究［M］. 北京：气象出版社，2021.

［15］于振文. 中国小麦栽培学［M］. 北京：中国农业出版社，2024.

［16］张嵩午，王长发. 冷型小麦概论［M］. 咸阳：西北农林科技大学出版社，2021.

［17］张新仕，王桂荣，王亚楠，等. 河北省小麦产业高质量发展研究［M］. 北京：中国农业科学技术出版社，2023.